工 程 测 量

郑子儒　主编

中国建材工业出版社

图书在版编目（CIP）数据

工程测量/郑子儒主编．--北京：中国建材工业
出版社，2018.8（2020.7 重印）

ISBN 978-7-5160-2360-0

Ⅰ.①工…　Ⅱ.①郑…　Ⅲ.①工程测量—职业教育—
教材　Ⅳ.①TB22

中国版本图书馆 CIP 数据核字（2018）第 180947 号

工程测量

郑子儒　主编

出版发行：中国建材工业出版社

地　　址：北京市海淀区三里河路 1 号

邮　　编：100044

经　　销：全国各地新华书店

印　　刷：北京雁林吉兆印刷有限公司

开　　本：787mm×1092mm　1/16

印　　张：10

字　　数：260 千字

版　　次：2018 年 8 月第 1 版

印　　次：2020 年 7 月第 2 次

定　　价：35.00 元

本社网址：www.jccbs.com　　微信公众号：zgjcgycbs

本书如出现印装质量问题，由我社市场营销部负责调换。联系电话：(010)88386906

前　言

　　工程测量是高职高专教育土建类专业开设的一门重要的专业基础课，重点讲解建筑工程测量的基本知识、测量仪器的使用、建筑工程实地测设以及施工测量、道路施工测量等内容，对培养学生的专业能力、上岗能力和职业素养具有重要的作用。

　　教材内容包括工程测量概述、水准测量、角度测量、距离测量、全站仪和 GPS 的使用、高程控制测量、平面控制测量、施工测量基本知识、民用建筑施工测量、道路施工测量等。

　　本教材属于校企合作开发教材，与山东森迈图测绘地理信息有限公司共同编写，具有较强的实用性和针对性，强调工学结合，突出"以能力为本位"的指导思想，契合实际工作岗位和技能比赛的要求，容教、学、做、赛为一体，力求做到基本概念准确、内容紧扣培养目标、容易上手实践，符合现行的工程测量规范，体现高职教育特点，能满足高职教育培养技术应用型人才的要求。

　　本教材由郑子儒担任主编，刘慧、薄成玉担任副主编，丁玉华、山东森迈图测绘地理信息有限公司董事长王德亮担任编委，其中项目一、项目二、项目六、项目九、项目十一由郑子儒编写，项目三、项目八由刘慧编写，项目四、项目七由薄成玉编写，项目五由丁玉华编写，项目十由王德亮编写。

　　在教材编写过程中，得到了山东森迈图测绘地理信息有限公司、南方测绘科技股份有限公司、科力达仪器有限公司的大力支持，在此一并致谢。

　　限于编者的水平、经验，书中难免存在缺点和错误，敬请专家和广大读者批评指正。

编　者
2018 年 7 月

目　　录

第一篇　测量基础知识

项目一　绪论

学习目标：

知识目标：了解工程测量的任务和工程测量在工程中的作用；掌握地面点位的确定方法；了解测量误差基本知识。

技能目标：掌握确定地面点位常用的坐标系和高程系的计算方法。

素质目标：养成认真仔细、严守规范的良好习惯，养成自主学习、交流沟通的良好习惯，树立终身学习的理念。

学时建议： 4 学时。

任务导入： 世界地图、中国地图、山东省地图、东营市地图是怎么绘制出来的？一幢幢高楼大厦、一条条高速公路、一座座跨海大桥是怎么建造出来的？这都少不了测量测绘的功劳。本书将带领同学们揭开测量测绘工作的神秘面纱。

模块一　工程测量概述

一、测量学及其分类

测量学是研究获取反映地球形状、地球重力场、地球上自然和社会要素的位置、形状、空间关系、区域空间结构的数据的科学和技术。它的主要任务有三个方面：一是研究确定地球的形状和大小，为地球科学提供必要的数据和资料；二是将地球表面的地物地貌测绘成图；三是将图纸上的设计成果测设至现场。根据研究的具体对象及任务的不同，传统上又将测量学分为以下几个主要分支学科：

1. 大地测量学

大地测量学是研究和确定地球形状、大小、重力场、整体与局部运动和地表面点的几何位置以及它们的变化的理论和技术的学科。其基本任务是建立国家大地控制网，测定地球的形状、大小和重力场，为地形测图和各种工程测量提供基础起算数据；为空间科学、军事科学及研究地壳变形、地震预报等提供重要参考资料。

2. 普通测量学

普通测量学是研究地球表面一个较小的局部区域的形状和大小。由于地球半径很大，就可以把地球表面当成平面看待而不考虑地球曲率的影响。普通测量学的主要任务是图根控制网的建立、地形图的测绘及工程的施工测量。

3. 摄影测量与遥感学

摄影测量与遥感学是研究利用电磁波传感器获取目标物的影像数据，从中提取语义和非语义信息，并用图形、图像和数字形式表达的学科。其基本任务是通过对摄影像片或遥感图像进行处理、量测、解译，以测定物体的形状、大小和位置进而制作成图。

4. 制图学

制图学主要是利用测量所获得的成果数据，研究如何投影编绘成图，以及地图制作的理论、方法和应用等方面的科学。

5. 工程测量学

工程测量学是研究在工程建设的设计、施工和管理各阶段中进行测量工作的理论、方法和技术。工程测量是测绘科学与技术在国民经济和国防建设中的直接应用，是综合性的应用测绘科学与技术。

二、工程测量的分类

按工程建设的进行程序，工程测量可分为规划设计阶段的测量、施工建设阶段的测量和竣工后运营管理阶段的测量。规划设计阶段的测量主要是提供地形资料，取得地形资料的方法是，在所建立的控制测量的基础上进行地面测图或航空摄影测量。施工建设阶段的测量的主要任务是按照设计要求在实地准确地标定建筑物各部分的平面位置和高程，作为施工与安装的依据，一般也要求先建立施工控制网，然后根据工程的要求进行各种测量工作。竣工后运营管理阶段的测量，包括竣工测量以及为监视工程安全状况的变形观测与维修养护等测量工作。

按工程测量所服务的工程种类，可分为建筑工程测量、线路测量、桥梁与隧道测量、矿山测量、城市测量和水利工程测量等。此外，还将用于大型设备的高精度定位和变形观测称为高精度工程测量；将摄影测量技术应用于工程建设称为工程摄影测量；将以全站仪或地面摄影仪为传感器、在电子计算机支持下的测量系统称为三维工业测量。

三、工程测量的内容

根据工程测量的任务与作用，它包括两个部分：

一是测定（测绘）——由地面到图形。指使用测量仪器，通过测量和计算，得到一系列测量数据，或把地球表面的地形缩绘成地形图。

二是测设（放样）——由图形到地面。指把图纸上规划设计好的建筑物、构筑物的位置在地面上标定出来，作为施工的依据。

四、测量的基本工作

控制测量、碎部测量以及施工放样的实质都是为了确定点的位置，而点位的确定都离不开距离、角度和高程这三个基本观测量，因此，测量的三项基本工作是：距离测量、角度测量和高程测量。

五、测量工作的原则

为了防止测量误差的逐渐传递和积累，要求测量工作必须遵循以下基本原则：

（1）在布局上遵循"从整体到局部"的原则。测量工作必须先进行总体布置，然后再分期、分区、分项实施局部测量工作，而任何局部的测量工作都必须服从全局的工作需要。

（2）在工作程序上遵循"先控制后碎部"的原则。测量工作不能一开始就测量碎部点，而是先在测区内统一选择一些起控制作用的点，将它们的平面位置和高程精确地测量计算出来，这些点被称作控制点，由控制点构成的几何图形称作控制网，然后再根据这些控制点分别测量各自周围的碎部点。

（3）在精度上遵循"从高级到低级"的原则。即先布设高精度的控制点，再逐级发展布设低一级的交会点以及进行碎部测量。

（4）在衔接上遵循"前一步工作未作检核不进行下一步测量工作"的原则。测量工作必须进行严格的检核。

模块二　地球表面上点位的确定

一、地球的形状和大小

测绘工作大多是在地球表面上进行的，测量基准的确定、测量成果的计算及处理都与地球的形状和大小有关。

地球的自然表面是很不规则的，其上有高山、深谷、丘陵、平原、江湖、海洋等，最高的珠穆朗玛峰高出海平面 8844.43m，最深的太平洋马里亚纳海沟低于海平面 11022m，其相对高差约 20km，与地球的平均半径 6371km 相比，是微不足道的，就整个地球表面而言，陆地面积占 29%，而海洋面积占 71%。因此，我们可以设想地球的整体形状是被海水所包围的球体，将一静止的海洋面扩展延伸，使其穿过大陆和岛屿，形成一个封闭的曲面，如图 1-1 所示。静止的海水面称作水准面。由于海水受潮汐风浪等影响而时高时低，故水准面有无穷多个，其中与平均海水面相吻合的水准面称作大地水准面。由大地水准面所包围的形体称为大地体，通常用大地体来代表地球的真实形状和大小。

由于地球的自转运动，地球上任一点都要受到离心力和地球引力的双重作用，这两个力的合力称为重力，重力的方向线称为铅垂线，铅垂线是测量工作的基准线。水准面的特性是处处与铅垂线垂直，由于地球内部质量分布不均匀，致使地面上各点的铅垂线方向产生不规则变化，所以，大地水准面是一个不规则的无法用数学式表述的曲面，在这样的面上是无法进行测量数据的计算及处理的。因此人们进一步设想，用一个与大地体非常接近的又能用数学式表述的规则球体即旋转椭球体来代表地球的形状。如图 1-2 所示，它是由椭圆 PEP_1Q 绕短轴 PP_1 旋转而成。旋转椭球体的形状和大小由椭球基本元素确定，即

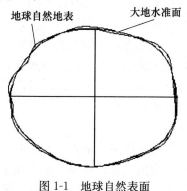

图 1-1　地球自然表面

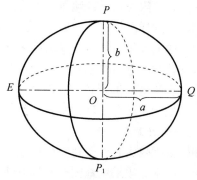

图 1-2　旋转椭球体

长半径 $a=6378140$m

短半径 $b=6356755$m

扁　率 $\alpha=(a-b)/a=1:298.257$

某一国家或地区为处理测量成果而采用与大地体的形状大小最接近，又适合本国或本地区要求的旋转椭球，这样的椭球体称为参考椭球体。确定参考椭球体与大地体之间的相对位置关系，称为椭球体定位。参考椭球体面只具有几何意义而无物理意义，它是严格意义上的测量计算基准面。采用参考椭球体定位得到的坐标系为国家大地坐标系，我国大地坐标系的原点在陕西省泾阳县永乐镇。

由于参考椭球的扁率很小，在小区域的普通测量中可将地（椭）球看作圆球，其半径 $R=(a+a+b)/3=6371$km。如果区域很小并且要求的精度不高时，也可以将这片区域当作平面进行测量。

水准面和铅垂线就是实际测量工作所依据的面和线。

二、地面点位置的确定

地面点的位置需用二维坐标和高程组成的三维量来确定。坐标表示地面点投影到基准面上的位置，包括横坐标和纵坐标两个值，高程表示地面点沿投影方向到基准面的距离。根据不同的需要可以采用不同的坐标系和高程系。

1. 地理坐标

当研究和测定整个地球的形状或进行大区域的测绘工作时，可用地理坐标来确定地面点的位置。

该坐标用大地经度和大地纬度表示，大地经度用 L 表示，其值分为东经 $0°\sim180°$ 和西经 $0°\sim180°$。大地纬度用 B 表示，其值分为北纬 $0°\sim90°$ 和南纬 $0°\sim90°$。我国 1954 年北京坐标系和 1980 年国家大地坐标系就是分别依据两个不同的椭球建立的大地坐标系。

我国位于东半球和北半球，各地的经度都是东经，纬度都是北纬。比如北京某点的地理坐标为东经 $116°25'$、北纬 $39°54'$，山东某点的地理坐标为东经 $118°39'$、北纬 $37°26'$。

2. 独立平面直角坐标

在实际测量工作中，使用以角度为度量单位的球面坐标来表示地面点的位置是不方便的，通常还是采用平面直角坐标。测量工作中所用的平面直角坐标与数学上的直角坐标基本相同，只是测量工作以 x 轴为纵轴，一般表示南北方向，以 y 轴为横轴，一般表示东西方向，象限为顺时针编号，直线的方向都是从纵轴北端按顺时针方向度量的，如图 1-3 所示。这样的规定，使数学中的三角公式在测量坐标系中完全适用。

当测区的范围较小，能够忽略该区地球曲率的影响而将其当作平面看待时，可在此平面上建立独立的直角坐标系。一般选定子午线方向为纵轴，即 x 轴，原点设在测区的西南角，以避免坐标出现负值。测区内任一地面点用坐标 (x, y) 来表示，因它们与本地区统一坐标系没有必然的联系而称为独立平面直角坐标系。

3. 高斯平面直角坐标

当测区范围较大时，要建立坐标系，就不能忽略地球曲率的影响，为了解决球面与平面的矛盾，则必须采用地图投影的方法将球面上的大地坐标转换为平面直角坐标。目前我国采用的是高斯投影。高斯投影是由德国数学家、测量学家高斯提出的，该投影解

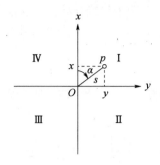

图 1-3　测量平面直角坐标系

决了将椭球面转换为平面的问题。从几何意义上看，就是假设一个椭圆柱横套在地球椭球体外并与椭球面上的某一条子午线相切，这条相切的子午线称为中央子午线。假想在椭球体中心放置一个光源，通过光线将椭球面上一定范围内的物象映射到椭圆柱的内表面上，然后将椭圆柱面沿一条母线剪开并展成平面，即获得投影后的平面图形，如图 1-4 所示。

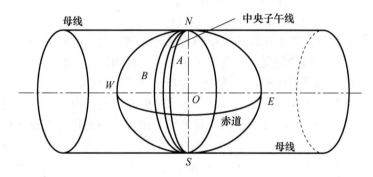

图 1-4　高斯投影概念

高斯投影没有角度变形，但有长度变形和面积变形，离中央子午线越远，变形就越大，为了对变形加以控制，测量中采用限制投影区域的办法，即将投影区域限制在中央子午线两侧一定的范围内，这就是所谓的分带投影，投影带一般分为 6°带和 3°带两种，如图 1-5 所示。

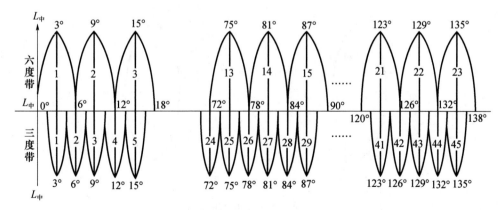

图 1-5　6°带和 3°带投影

6°带投影是从英国格林尼治起始子午线开始，自西向东，每隔经差 6°分为一带，将地球分成 60 个带，其编号分别为 1、2、……、60，用 N 表示。每带的中央子午线经度 L 用下式计算：

$$L = 6N - 3 \qquad (1\text{-}1)$$

反之，已知地面上任一点的经度 L，计算该点所在的 6°带编号的公式为：

$$N = \ln t(\frac{L+3}{6} + 0.5) \qquad (1\text{-}2)$$

3°投影带是在 6°带的基础上划分的，每 3°为一带，共 120 带，带号用 N' 表示，其中央子午线在奇数带时与 6°带中央子午线重合，每带的中央子午线经度 L' 用下式计算：

$$L' = 3N' \qquad (1\text{-}3)$$

反之，已知地面上任一点的经度 L，计算该点所在的 3°带编号的公式为：

$$N' = \ln t(\frac{L}{3} + 0.5) \qquad (1\text{-}4)$$

我国领土位于东经 72°～136°之间，共包括了 11 个 6°投影带，即 13～23 带，22 个 3°投影带，即 24～45 带。东营位于 6°带的第 20 带，中央子午线经度为 117°，位于 3°带的第 39、40 带，中央子午线经度分别是 117°和 120°。

通过高斯投影，将中央子午线的投影作为纵坐标轴，用 x 表示，将赤道的投影作为横坐标轴，用 y 表示，两轴的交点作为坐标原点，由此构成的平面直角坐标系称为高斯平面直角坐标系，x、y 称为坐标的自然值，如图 1-6（a）所示。对应于每一个投影带，就有一个独立的高斯平面直角坐标系，区分各带坐标系则利用相应投影带的带号。

我国位于北半球，在每一投影带内，纵坐标 x 的值均为正值，但横坐标 y 值有正有负，这对计算和使用均不方便，为了使 y 坐标都为正值，使计算和使用更加方便，将纵坐标轴向西平移 500km，如图 1-6（b）所示，这样带内的横坐标值均增加 500km，成为正值，再在 y 坐标前加上投影带的带号，叫做坐标的通用值。如图 1-6 中的 B 点位于第 20 投影带，其坐标自然值为 $x_B = 4240519$m，$y_B = -152618$m，它在 20 带中的高斯通用坐标值则为 $x_B = 4240519$m，$y_B =$（20）（-152618m$+500000$m）$= 20347382$m。

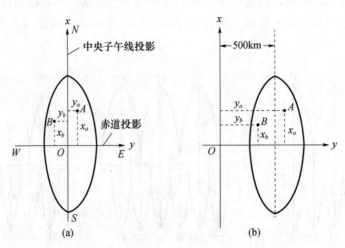

图 1-6　高斯平面直角坐标

三、高程

1. 绝对高程

在一般的测量工作中都以大地水准面作为高程起算的基准面。因此，地面任一点沿铅垂线方向到大地水准面的距离就称为该点的绝对高程或海拔，用 H 表示。如图 1-7 所示，图中的 H_A、H_B 分别表示地面上 A、B 两点的高程。我国的国家水准原点在青岛，原来规定以 1950～1956 年间青岛验潮站多年记录的黄海平均海水面作为我国的大地水准面，由此建立的高程系统称为"1956 年黄海高程系"，青岛国家水准原点高程为 72.289m。新的国家高程基准面是根据青岛验潮站 1952～1979 年间的验潮资料计算确定的，依此基准面建立的高程系统称为"1985 国家高程基准"，原点高程为 72.260m，并于 1987 年开始启用。在使用 1987 年以前的测量数据时，一定要注意新旧高程系统以及系统间的正确换算。

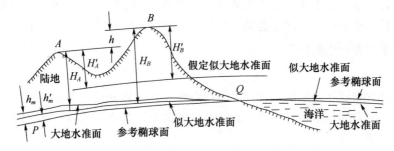

图 1-7　高程和高差示意图

2. 相对高程

当测区附近暂没有国家高程点可联测时，也可临时假定一个水准面作为该区的高程起算面。地面点沿铅垂线至假定水准面的距离，称为该点的相对高程或假定高程，用 H' 表示。如图 1-7 中的 H'_A、H'_B 分别为地面上 A、B 两点的假定高程。

3. 高差

地面上两点之间的高程之差称为高差，用 h 表示，例如，A 点至 B 点的高差可写为：

$$h_{AB} = H_B - H_A = H'_B - H'_A \tag{1-5}$$

由上式可知，高差有正、有负，并用下标注明其方向，当 h_{AB} 为正时，B 点高于 A 点，当 h_{AB} 为负时，B 点低于 A 点。在土木建筑工程中，又将绝对高程和相对高程统称为标高。

模块三　测量误差基本知识

一、测量误差的概念

测量误差按其对测量结果影响的性质，可分为系统误差和偶然误差。

1. 系统误差

在相同观测条件下，对某量进行一系列观测，如误差出现符号和大小均相同或按一定的规律变化，这种误差称为系统误差。比如用一把名义长度为 20m 而实际正确长度为 20.05m 的皮尺测量距离，每量一尺段就产生 5cm 的误差，该 5cm 的误差在数值和符号上都是固定不变的，大小与所量距离的长度呈正比，因此，系统误差的存在对观测成果的准确度有较大的影响，应尽可能地减小或消除。

系统误差的特点是具有积累性，对测量结果的影响大，但可通过一般的改正或用一定的观测方法加以消除。

2. 偶然误差

在相同观测条件下，对某量进行一系列观测，如误差出现符号和大小均不一定，表现为偶然性，这种误差称为偶然误差。这种误差从单个来看没有任何规律性，但从大量误差总体来看，具有一定的统计规律。

偶然误差的特点是在测量工作中不可避免，误差值具有一定的范围，其数值的正负、大小表现为偶然性，误差概率分布曲线呈正态分布，偶然误差要通过的一定的数学方法（测量平差）来处理。

此外，在测量工作中还可能产生粗差（即错误），粗差主要是由于观测者的粗心大意或受到干扰所造成的，要注意避免，如果出现粗差，应当重新进行测量。

二、测量误差产生的原因

1. 观测者

由于观测者的感官鉴别能力有一定的局限性，在仪器安置、照准、读数等方面都会产生误差，观测者的技术水平、工作态度及状态都对测量成果的质量有直接影响。

2. 测量仪器

每一种测量仪器都有一定的精密程度，不能保证估读数位完全正确，测量仪器本身在设计、制造、安装、校正方面也存在一定的误差。

3. 外界环境

测量工作进行时所处的外界条件时刻在变化，比如大风、光照等，也会对测量结果产生影响。

三、衡量精度的指标

在一定的观测条件下进行的一组观测，对应着同一种确定的误差分布，若误差较集中于零附近，则称其误差分布较为密集或离散度小，表明该组观测值质量比较好，有较高的精度，反之精度较低。用来反映误差分布的离散程度或密集程度的数值称为衡量测量精度的指标。

测量工作中常见的精度指标有中误差、相对误差、极限误差、容许误差。

1. 中误差

设在相同观测条件下，对某个量进行了 n 次重复观测，得到的观测值分别为 $l1$，$l2$…ln，每次观测的真误差用 $\Delta1$，$\Delta2$…Δn 表示，则定义中误差 m 为：

$$m =\pm \sqrt{\frac{[\Delta\Delta]}{n}}\tag{1-6}$$

式中 $[\Delta\Delta]$ 为真误差的平方和，n 为观测次数。

中误差所代表的是某一组观测值的精度，而不是这组观测值中某一次值的观测精度。

在实际工作中，由于未知量的真值往往是不知道的，真误差也就无法求得，所以不能直接用上式求中误差，而是用下面的式子来求得：

$$m = \pm\sqrt{\frac{[vv]}{n-1}} \tag{1-7}$$

该公式称为白塞尔公式，式中 $[vv]$ 为改正数的平方和，v_i 用各次观测值 l_i 分别减去所有观测值的算术平均数求得，n 为观测次数。

2. 相对误差

对于一些测量结果，只靠中误差不能完全表达测量结果的好坏，比如分别用钢尺测量长度为 100m 和 500m 的两段距离，中误差都是 ±1cm，只从中误差值上看，两者的精度相同，但从单位长度上看，精度就不一样了，这就需要用相对误差这一指标来衡量。

相对误差是指中误差 m 的绝对值与观测值 l 的比值，并化为分子为 1 的分数形式，一般用 K 表示：

$$K = \frac{|m|}{l} = \frac{1}{l/|m|} \tag{1-8}$$

相对误差是一个无量纲数值，数值越小说明观测结果的精度越高。

3. 极限误差和容许误差

在一定的观测条件下，偶然误差的绝对值不应超过一定的限值，这个限值称为极限误差，在测量中通常取 3 倍的中误差作为偶然误差的极限误差，即 $\Delta_{极限} = 3m$。

若对观测值精度要求较高时，可以取 2 倍的中误差作为偶然误差的极限误差，一般称为容许误差或允许误差，即 $\Delta_{容许} = 2m$。

习题：

1. 测量学的基本工作是什么？

2. 测量工作的原则包括哪些？

3. 测量工作的基准面和基准线是什么？

4. 山东某地面点的经度是东经 $118°39'27''$，请问该点位于 6° 投影带的第几带？其中央子午线的经度为多少？

5. 什么是绝对高程（海拔）、相对高程和高差？

项目二　水准测量

学习目标：

知识目标：掌握水准测量原理；掌握闭合水准测量原理；了解水准测量误差知识。

技能目标：掌握水准仪的使用方法；掌握水准尺、尺垫的使用范围和方法，掌握闭合水准测量的方法。

素质目标：养成团结协作、诚实守信、爱岗敬业、吃苦耐劳的职业品质；养成自主学习、交流沟通的良好习惯，树立终身学习的理念；具有分析问题、解决问题和制定计划、组织协调的工作能力。

学时建议：4 学时

任务导入：市测绘部门在我校南门设置了一个永久水准点，绝对高程是 4.220m，那么校内假山的绝对高程是多少呢？项目二将为我们解决这个问题。通过该项目的学习，我们不但能测量出假山的高程，甚至图书楼的高程也能测量。

模块一　水准测量原理

一、高程测量概述

高程是确定地面点位置的基本要素之一，高程测量是三项基本测量工作之一。高程测量的目的是获得点的高程，但一般的高程测量只是通过测得两点间的高差，然后根据其中一点的已知高程推算出另一点的未知高程。

进行高程测量的主要方法有水准测量、三角高程测量、GPS 测量、气压测量等。水准测量是利用水平视线来测量两点间的高差。由于水准测量的精度较高，所以是高程测量中最主要的方法。三角高程测量是测量两点间的水平距离或斜距和竖直角（即倾斜角），然后利用三角公式计算出两点间的高差。三角高程测量一般精度较低，只是在适当的条件下才被采用。除了上述两种方法外，还有利用大气压力的变化测量高差的气压高程测量，利用液体的物理性质测量高差的液体静力高程测量，以及利用摄影测量的高程测量等方法，但这些方法较少采用。

高程测量也是按照"从整体到局部"的原则来进行。就是先在测区内设立一些高程控制点，并精确测出它们的高程，然后根据这些高程控制点测量附近其他点的高程。这些高程控制点称水准点，工程上常用 *BM* 来标记。水准点一般用混凝土标石制成，顶部嵌有金属或瓷质的标志（图 2-1）。标石应埋在地下，埋设地点应选在地质稳定、便于使用和便于保存的地方，称为永久水准点。在城镇居民区，也可以采用把金属标志嵌在墙上形成"墙脚水准点"。临时性的水准点则可用更简便的方法来设立，例如用刻凿在岩石上或用油漆标记在建筑物上的简易标志，或者在土地里打入大木桩，桩顶钉上半球状铁钉作为水准点标志，这些称为临时水准点。

二、水准测量的原理

水准测量是利用水平视线来求得两点的高差。例如图 2-2 中，为了求出 *A*、*B* 两点

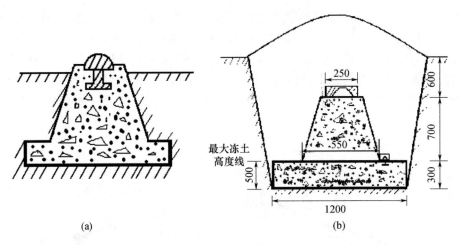

图 2-1　永久水准点

的高差 h_{AB}，在 A、B 两个点上竖立带有分划的标尺——水准尺，在 A、B 两点之间安置可提供水平视线的仪器——水准仪。当视线水平时，在 A、B 两个点的标尺上分别读得读数 a 和 b，则 A、B 两点的高差等于两个标尺读数之差。即：

$$h_{AB} = a - b \qquad (2\text{-}1)$$

如果 A 为已知高程的点，B 为待求高程的点，则 B 点的高程为：

$$H_B = H_A + h_{AB} \qquad (2\text{-}2)$$

读数 a 是在已知高程点上的水准尺读数，称为"后视读数"；b 是在待求高程点上的水准尺读数，称为"前视读数"。高差必须是后视读数减去前视读数。高差 h_{AB} 的值可能是正，也可能是负，正值表示待求点 B 高于已知点 A，负值表示待求点 B 低于已知点 A。此外，高差的正负号又与测量进行的方向有关，例如图 2-2 中测量由 A 向 B 进行，高差用 h_{AB} 表示，其值为正；反之由 B 向 A 进行，则高差用 h_{BA} 表示，其值为负。所以说明高差时必须标明高差的正负号，同时要说明测量进行的方向。

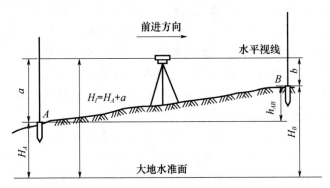

图 2-2　水准测量原理示意图

当两点相距较远或高差太大时，则可分段连续进行测量，从图 2-3 中可得：

$$h_1 = a_1 - b_1$$
$$h_2 = a_2 - b_2$$
$$\cdots$$
$$h_{AB} = h_1 + h_2 + \cdots + h_n = \sum h = \sum a - \sum b \qquad (2\text{-}3)$$

即两点的高差等于连续各段高差的代数和，也等于后视读数之和减去前视读数之和。通常要同时用$\sum h$ 和（$\sum a - \sum b$）进行计算，用来检核计算是否有误。

图 2-3 中置仪器的点Ⅰ、Ⅱ……称为测站，立标尺的点 TP_1、TP_2……称为转点，它们在前一测站先作为待求高程的点，然后在下一测站再作为已知高程的点，转点起传递高程的作用。转点非常重要，转点上产生的任何差错，都会影响到以后所有点的高程。

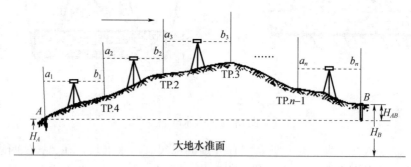

图 2-3　连续水准测量

从以上可知，水准测量的基本原理是利用水平视线来比较两点的高低，求出两点的高差，进而得到未知点的高程。

当需要通过一个已知点测多个待测点高程时，可以采用视线高法，在每个待测点上读取水准尺的读数，再利用视线高程计算待定点的高程。

三、水准仪和水准尺

水准仪是进行水准测量的主要仪器，它可以提供水准测量所必需的水平视线。目前通用的水准仪从构造上可分为三大类：一类是利用水准管来获得水平视线的水准管水准仪，其主要形式称"微倾式水准仪"，另一类是利用补偿器来获得水平视线的"自动安平水准仪"，第三类是一种新型水准仪——电子水准仪，它配合条纹编码尺，利用数字化图像处理的方法，可自动显示高程和距离，使水准测量实现了自动化。

我国的水准仪系列标准分为 DS_{05}、DS_1、DS_3 和 DS_{10} 四个等级。D 是大地测量仪器的代号，S 是水准仪的代号，取自"大"和"水"两个字汉语拼音的首字母。角码的数字表示仪器的精度，表示用该类型水准仪进行水准测量时每公里往、返测得的高差平均值的中误差最大值，单位是 mm，DS_{05} 和 DS_1 用于精密水准测量，DS_3 用于一般水准测量，DS_{10} 则用于简易水准测量。

水准尺用优质木材或铝合金制成，最常用的形状有杆式和箱式两种，长度分为 3m 和 5m。箱式尺能伸缩携带方便，但接合处容易产生误差，杆式尺比较坚固可靠。水准尺尺面绘有 1cm 或 5mm 黑白相间的分格，米和分米处注有数字，尺底为零。双面水准尺是一面为黑色另一面为红色的分划，每两根为一对。两根的黑面都是尺底为零，而红面的尺底分别为 4.687m 和 4.787m，利用双面尺可对读数进行检核。

尺垫是用于转点上的一种工具，用钢板或铸铁制成。使用时把三个尖脚踩入土中，把水准尺立在突出的圆顶上，尺垫可使转点稳固防止其下沉。

模块二　微倾式水准仪的使用

一、DS₃微倾式水准仪的构造

图 2-4 为在一般水准测量中使用较广的 DS₃ 型微倾式水准仪，它由下列三个主要部分组成：

（1）望远镜：它可以提供视线，并可读出远处水准尺上的读数。

（2）水准器：用于指示仪器或视线是否处于水平位置。

（3）基座：用于置平仪器，它支承仪器的上部并能使仪器的上部在水平方向转动。

微倾式水准仪各部分的名称见图 2-4。基座上有三个脚螺旋，调节脚螺旋可使圆水准器的气泡移至中央，使仪器粗略整平。望远镜和管水准器与仪器的竖轴联结成一体，竖轴插入基座的轴套内，可使望远镜和管水准器在基座上绕竖轴旋转。制动螺旋和微动螺旋用来控制望远镜在水平方向的转动。制动螺旋松开时，望远镜能自由旋转；旋紧时望远镜则固定不动。旋转微动螺旋可使望远镜在水平方向作缓慢的转动，但只有在制动螺旋旋紧时，微动螺旋才能起作用。旋转微倾螺旋可使望远镜连同管水准器作俯仰微量的倾斜，从而可使视线精确整平。因此这种水准仪称为微倾式水准仪。

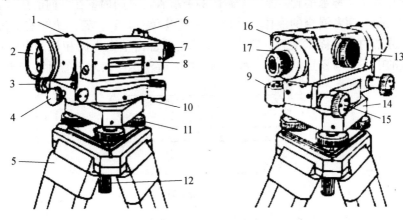

图 2-4　微倾式水准仪

1—准星；2—物镜；3—微动螺旋；4—制动螺旋；5—三脚架；6—照门；7—目镜；8—水准管；9—圆水准器
10—圆水准器校正螺旋；11—脚螺旋；12—连接螺栓；13—物镜调焦螺旋；14—基座；15—微倾螺旋
16—水准管气泡观察窗口；17—目镜调焦螺旋

下面先说明微倾式水准仪上主要的部件——望远镜和水准器的构造和性能。

1. 望远镜

最简单的望远镜是由物镜和目镜组成。物镜的作用是使物体在物镜的另一侧构成实像，目镜的作用是使这一实像在同一侧形成一个放大的虚像。为了使物像清晰并消除单透镜的一些缺陷，物镜和目镜都是用两种不同材料的透镜组合而成。

测量仪器上的望远镜有一个十字丝分划板，它是刻在玻璃片上的一组十字丝，被安装在望远镜筒内靠近目镜的一端。水准仪上十字丝的图形如图 2-5 所示，水准测量中用中丝读取水准尺上的读数。十字丝交点和物镜光心的连线称为视准轴，也就是视线。视准轴是水准仪的主要轴线之一。

图 2-5　十字丝分划板

　　为了能准确地照准目标或读数，望远镜内必须同时能看到清晰的物像和十字丝。为此必须使物像落在十字丝分划板平面上。为了使离仪器不同距离的目标能成像于十字丝分划板平面上，望远镜内有一个调焦透镜。观测不同距离处的目标，可旋转调焦螺旋改变调焦透镜的位置，从而能在望远镜内清晰地看到十字丝和所要观测的目标。

　　2. 水准器

　　水准器是用以衡量仪器置平的一种设备，是测量仪器上的重要部件。水准器分为管水准器和圆水准器两种：

　　(1) 管水准器又称水准管，是一个封闭的玻璃管，管的内壁在纵向磨成圆弧形，管内盛酒精或乙醚或两者混合的液体，并留有一气泡（图 2-6）。管面上刻有间隔为 2mm 的分划线，分划的中点称水准管的零点。过零点与管内壁在纵向相切的直线称水准管轴。当气泡的中心点与零点重合时，称气泡居中，气泡居中时水准管轴位于水平位置。

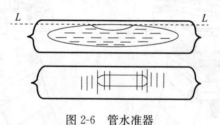

图 2-6　管水准器

　　水准管上一格（2mm）所对应的圆心角称为水准管的分划值。根据几何关系可以看出，分划值也是气泡移动一格水准管轴所变动的角值，一般为 $10''\sim20''$，水准管的分划值愈小，视线置平的精度愈高。但水准管的置平精度还与水准管的研磨质量、液体的性质和气泡的长度有关。能够被气泡的移动反映出水准管轴变动的角值愈小，水准管的灵敏度就愈高。

　　为了提高气泡居中的精度，在水准管的上面安装一套棱镜组，使两端各有半个气泡的像被反射到一起。当气泡居中时，两端气泡的像就能符合。故这种水准器称为符合水准器，是微倾式水准仪上普遍采用的水准器，如图 2-7 所示。

　　(2) 圆水准器是一个封闭的圆形玻璃容器，顶盖的内表面为一球面，容器内盛乙醚类液体，留有一小圆气泡（图 2-8）。容器顶盖中央刻有一小圈，小圈的中心是圆水准器的零点。通过零点的球面法线是圆水准器的轴，当圆水准器的气泡居中时，圆水准器的轴位于铅垂位置。圆水准器的分划值，是顶盖球面上 2mm 弧长所对应的圆心角值，水准仪上圆水准器的角值为 $8'$ 至 $15'$。

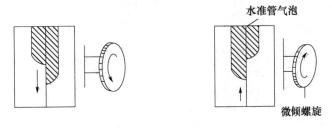

图 2-7 符合水准器

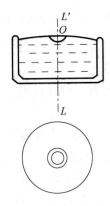

图 2-8 圆水准器

二、DS₃微倾式水准仪的使用

1. 安置水准仪

首先打开三脚架，安置三脚架要求高度适当、架头大致水平并牢固稳妥，在山坡上应使三脚架的两脚在坡下一脚在坡上。然后把水准仪用中心连接螺栓连接到三脚架上，取水准仪时必须握住仪器的坚固部位，并确认已牢固地连接在三脚架上之后才可放手。

2. 仪器的粗略整平

仪器的粗略整平是用旋转脚螺旋的方式使圆水准器的气泡居中。不论圆水准器在任何位置，先用任意两个脚螺旋使气泡移到通过圆水准器零点并垂直于这两个脚螺旋连线的方向上，如图 2-9 所示，如此可使仪器在这两个脚螺旋连线的方向处于水平位置。然后单独用第三个脚螺旋使气泡居中，如此使原两个脚螺旋连线的垂线方向亦处于水平位置，从而使整个仪器置平。如仍有偏差可重复进行。操作时必须记住以下三条要领：

(1) 先旋转两个脚螺旋，然后旋转第三个脚螺旋；

(2) 旋转两个脚螺旋时必须作相对地转动，即旋转方向应相反；

(3) 气泡移动的方向始终和左手大拇指移动的方向一致。

3. 照准目标

用望远镜照准目标，必须先调节目镜使十字丝清晰。然后利用望远镜上的准星从外部瞄准水准尺，再旋转调焦螺旋使尺像（物像）清晰，也就是使尺像落到十字丝平面上。这两步不可颠倒。最后用微动螺旋使十字丝竖丝照准水准尺，为了便于读数，也可使尺像稍偏离竖丝一些。当照准不同距离处的水准尺时，需重新调节物镜调焦螺旋才能使尺像（物像）清晰，但十字丝可不必再调。

照准目标后必须要消除视差。当观测时把眼睛稍作上下移动，如果尺像与十字丝有

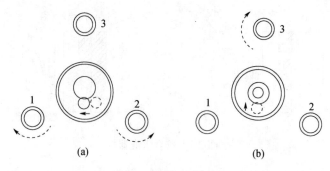

图 2-9　圆水准器整平

相对的移动，即读数有改变，则表示有视差存在。其原因是尺像没有落在十字丝平面上，存在视差时不可能得出准确的读数。消除视差的方法是一面稍旋转调焦螺旋一面仔细观察，直到不再出现尺像和十字丝有相对移动为止，即尺像与十字丝在同一平面上。

4. 视线的精确整平

由于圆水准器的灵敏度较低，所以用圆水准器只能使水准仪粗略地整平。因此在每次读数前还必须用微倾螺旋使水准管气泡符合，使视线精确整平。由于微倾螺旋旋转时，经常在改变望远镜和竖轴的关系，当望远镜由一个方向转变到另一个方向时，水准管气泡一般不再符合。所以望远镜每次变动方向后，也就是在每次读数前，都需要用微倾螺旋重新使气泡符合。

5. 读数

用十字丝中间的横丝读取水准尺的读数。从水准尺上可直接读出米、分米和厘米数，并估读出毫米数，每个读数必须有四位数，如果某一位数是零，也必须读出并记录，不能省略，如 1.065m、1.800m 等。由于望远镜分正像、倒像两种类型，所以从望远镜内读数时应注意水准尺的方向。读数前应先认清水准尺的分划特点，特别应注意与注字相对应的分米分划线的位置。为了保证得出正确的水平视线读数，在读数前和读数后都应该检查气泡是否符合。

总之，微倾式水准仪测量高差的操作步骤可以总结为"粗平瞄准、精平读数"八个字。

模块三　自动安平水准仪的使用

一、自动安平水准仪的优点

自动安平水准仪是一种不用水准管而能自动获得水平视线的水准仪（图 2-10）。由于微倾式水准仪在用微倾螺旋使气泡符合时要花一定的时间，水准管灵敏度越高，整平需要的时间就越长，特别是在松软的土地上安置水准仪时，还要随时注意气泡有无变动。而自动安平水准仪带有自动补偿器，在用圆水准器使仪器粗略整平后，经过 1~2s 即可直接读取水平视线读数。当仪器有微小的倾斜变化时，补偿器能随时调整，始终给出正确的水平视线读数。因此它具有观测速度快、精度高的优点，被广泛地应用在各种等级的水准测量中。

图 2-10　自动安平水准仪

二、自动安平水准仪的使用

自动安平水准仪的使用方法较微倾式水准仪简便。首先也是用脚螺旋使圆水准器气泡居中，完成仪器的粗略整平。然后用望远镜照准水准尺，即可用十字丝横丝读取水准尺读数，所得数值就是水平视线读数。

由于补偿器有一定的工作范围，即能起到补偿作用的范围，所以使用自动安平水准仪时，要确保补偿器处于工作范围内，使用自动安平水准仪时应十分注意圆水准器的气泡居中。

模块四　普通水准测量

一、水准路线的形式

水准测量的任务，是从已知高程的水准点开始测量其他水准点或地面点的高程。测量前应根据要求布置并选定水准点的位置，埋设好水准点标石，拟定水准测量的路线。水准路线有以下几种形式，如图 2-11 所示。

（一）附合水准路线

是水准测量从一个高级水准点开始，结束于另一高级水准点的水准路线。这种形式的水准路线，可使测量成果得到可靠的检核 [图 2-11 （a）]。

（二）闭合水准路线

是水准测量从一已知高程的水准点开始，最后又闭合到起始点上的水准路线。这种形式的水准路线也可以使测量成果得到检核 [图 2-11 （b）]。

（三）支水准路线

是由一已知高程的水准点开始，最后既不附合也不闭合到已知高程的水准点上的一种水准路线。这种形式的水准路线由于不能对测量成果自行检核，因此必须进行往测和返测，或用两组仪器进行并测 [图 2-11 （c）]。

二、水准测量的施测方法

在进行水准测量时，待测点与已知水准点距离较远或地势起伏较大时，不可能安置

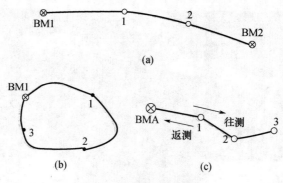

图 2-11　三种水准路线形式

一次仪器就能测定两点间的高差，必须在两点间设置若干个转点，将测量路线分成若干个测段，依次测出各分段间的高差进而求出两点间的高差，从而计算出待定点的高程。

选择转点和测站点时要注意两点间要通视，测站点距前后视两点间距离要相等，且距离不超过 100m，在转点上必须使用尺垫。

水准测量施测方法如图 2-12 所示，图中 A 为已知高程的点，$H_A=36.278$，B 为待求高程的点。首先在已知高程的起始点 A 上竖立水准尺，在测量前进方向适当距离处设立第一个转点 TP1，并竖立水准尺。

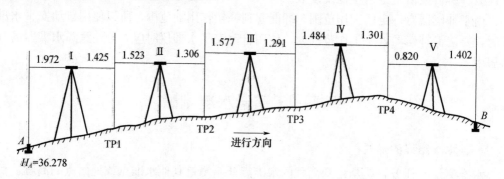

图 2-12　水准测量施测图

在离这两点等距离处 I 安置水准仪。仪器粗略整平后，先照准起始点 A 上的水准尺，用微倾螺旋使气泡符合后，读取 A 点的后视读数。然后照准转点 TP1 上的水准尺，气泡符合后读取 TP1 点的前视读数。把读数记入手簿，并计算出这两点间的高差。此后在转点 TP1 处的水准尺不动，仅把尺面转向前进方向。在 A 点的水准尺和 I 点的水准仪则向前转移，水准尺安置在转点 TP2 处，而水准仪则安置在离 TP1、TP2 两转点等距离的测站 II 处。

按在第 I 站同样的步骤和方法读取后视读数和前视读数，并计算出高差。如此继续进行一直测量到待求高程点 B 为止。

观测所得每一读数应立即记入手簿，水准测量记录手簿格式见表 2-1。填写时应注意把各个读数正确地填写在相应的行和栏内。例如仪器在测站 I 时，起点 A 上所得水准尺读数 1.972 应记入该点的后视读数栏内，照准转点 TP1 所得读数 1.425 应记入 TP1 点的前视读数栏内。后视读数减前视读数得 A、TP1 两点的高差 +0.547 记入高差栏内。以后各测站观测所得均按同样方法记录和计算。各测站所得的高差代数和 $\sum h$，就

是从起点 A 终点 B 总的高差。

终点 B 的高程等于起点 A 的高程加上 A、B 间的高差。因为测量的目的是求 B 点的高程，所以各转点的高程不需计算。

表 2-1　水准测量记录手簿

日期：　　　　　　　仪器型号：　　　　　　观测者：

天气：　　　　　　　地点：　　　　　　　　记录者：

测站	测点	水准尺读数（m）		高差（m）		高程（m）	备注
		后视读数（a）	前视读数（b）	＋	－		
1	2	3	4	5	6	7	8
Ⅰ	BM$_A$	1.972		0.547		36.278	已知
	TP1		1.425				转点
Ⅱ		1.523		0.217			
	TP2		1.306				转点
Ⅲ		1.577		0.286			
	TP3		1.291				转点
Ⅳ		1.484		0.183			
	TP4		1.301				转点
Ⅴ		0.820			0.582		
	BM$_B$		1.402			36.929	待定
	$\sum$	7.376	6.725	1.233	0.582		
计算校核		$\sum a - \sum b = 7.376 - 6.725 = +0.651$		$\sum h = +0.651$		$H_B - H_A = +0.651$	
		$\sum a - \sum b = \sum h = H_B - H_A$					

在每一测段结束后或手簿上每一页之末，必须进行计算检核。检查后视读数之和减去前视读数之和（$\sum a - \sum b$）是否等于各站高差之和（$\sum h$），并等于终点高程减起点高程。如不相等，则计算中必有错误，应进行检查。但应注意这种检核只能检查计算工作有无错误，而不能检查出测量过程中所产生的错误，如读错记错等。

三、水准测量成果的检核

为了保证水准测量成果的正确可靠，对水准测量的成果必须进行检核。检核方法有测站检核、计算检核和水准路线检核三种：

（一）测站检核

为防止在一个测站上发生错误而导致整个水准路线结果的错误，应该在每个测站上对观测结果进行检核，方法如下：

（1）变动仪器高法：在每个测站上测得两转点间的高差后，改变水准仪的高度，要求仪器高度变动应大于 10cm，再次测量两转点间的高差。对于一般水准测量，当两次所得高差之差小于 6mm 时可认为合格，取其平均值作为该测站所得高差，否则应进行检查或重测。

（2）双面尺法：利用双面水准尺分别由黑面和红面读数得出的高差，扣除一对水准尺的常数差后，两个高差之差小于规定的限差（例如四等水准测量限差为 ±5mm）时可认为合格，否则应进行检查或重测。

（二）计算检核

为了保证记录表中数据的正确，应对后视读数总和减去前视读数总和、高差总和、待定点 B 的高程与已知高程点 A 的高程之差进行检核，这三个数字应该相等。即应满足：

$$\sum a - \sum b = \sum h = H_B - H_A$$

如果不能满足，则说明计算有错误，应重新计算。

（三）水准路线的检核

在水准测量的实施过程中，测站检核只能检核一个测站上是否存在错误，计算检核只能检核每页计算是否有错误，想要检核一条水准路线在测量过程中精度是否符合要求，还需要要进行路线检核。

在水准路线中，实测高差与理论高差的差值称为高差闭合差，用 f_h 表示即：

$$f_h = \sum h_{测} - \sum h_{理}$$

1. 闭合水准路线成果检核

对于闭合水准路线，因为它起止于同一个点，所以理论上全线各站高差之和应等于零。即

$$\sum h_{理} = 0$$

如果高差之和不等于零，则其差值即 $\sum h_{测}$ 就是闭合水准路线的高差闭合差。即

$$f_h = \sum h_{测} - \sum h_{理} = \sum h_{测} \tag{2-4}$$

2. 附合水准路线成果检核

对于附合水准路线，理论上两点之间高差总和应等于起止两水准点间高程之差。即

$$\sum h_{理} = H_{终} - H_{始}$$

实际测量的高差 $\sum h_{测}$ 应该等于 $\sum h_{理}$，如果它们不能相等，其差值称为高差闭合差，即：

$$f_h = \sum h_{测} - \sum h_{理} = \sum h_{测} - (H_{终} - H_{始}) \tag{2-5}$$

3. 支水准路线成果检核

支水准支线必须在起终点用往返测方法进行检核。理论上往返测所得高差的绝对值应相等，但符号相反，或者是往返测高差的代数和应等于零。如果往返测高差的代数和不等于零，其值即为水准支线的高差闭合差。即

$$f_h = \sum h_{往} + \sum h_{返} \tag{2-6}$$

有时也可以用两组并测来代替一组的往返测以加快工作进度。两组所得高差应相等，若不等，其差值即为水准路线的高差闭合差。

高差闭合差的大小反映了测量成果的质量和精度。在各种不同性质的水准测量中，都规定了高差闭合差的限值，即容许高差闭合差，用 $fh_{容}$ 表示。一般水准测量的高差闭合差的容许值为：

对于平坦地区：$fh_{容} = \pm 40\sqrt{L}$ mm，其中 L 为水准路线总长度，以 km 为单位；

对于山区和丘陵地区：$fh_{容} = \pm 12\sqrt{n}$ mm，其中 n 为水准路线测站总数。

四、水准测量的成果计算

1. 计算高差闭合差及与容许值比较

当实际闭合差小于容许闭合差时，表示观测精度满足要求，可以进行下一步工作，

否则应对外业资料进行检查，甚至返工重测。

2. 闭合差的调整

即把闭合差分配到各测段的高差上。显然，高程测量的误差是随水准路线的长度或测站数的增加而增加，所以分配的原则是把闭合差以相反的符号根据各测段路线的长度或测站数按比例分配到各测段的高差上。故各测段高差的改正数为：

$$v_i = -\frac{fh}{\sum n}ni \quad \text{或} \quad v_i = -\frac{fh}{\sum L}Li$$

式中　v_i——第 i 测段的高差改正数

　　　$\sum n$——水准路线总测站数

　　　$\sum L$——水准路线总长度

　n_i、L_i——第 i 测段的测站数、测段长度

高差改正数的总和与高差闭合差大小相等，但符号相反。即：

$$\sum v_i = -f_h$$

要用上式检核计算的正确性。

3. 计算改正后的高差

各测段改正后高差等于各测段观测高差加上相应的改正数，即：

$$h_{改} = h_{测} + v_i$$

4. 计算各点的高程

根据改正后的高差，由起点高程沿路线前进方向逐一推算出其他各点的高程。最后一个已知点的推算高程应等于该点的已知高程，由此检核计算的正确性。

例 2-1 图 2-11 (b) 是一闭合水准路线普通水准测量示意图，A 为已知高程的水准点，$H_A = 35.139$m，1、2、3 为待定高程的水准点，闭合差按距离分配，求 1、2、3 点的高程并填写水准测量高程计算表。

解：（1）建立计算表格，如表 2-4 所示，把测得的数据按要求填在表格相应项目中。

（2）计算高差闭合差及其允许值

$f_h = \sum h_{测} = -0.049$m $= 49$mm

$L = 4.0$km

$fh_{容} = \pm 40\sqrt{L} = \pm 40\sqrt{4.0}$ mm $= \pm 80$mm，因为 $|f_h| < |fh_{容}|$，所以成果合格。

（3）计算高差改正数（按测段长度分配）

计算公式：$v_i = -\frac{fh}{\sum L}L_i$

$v_1 = -\frac{-49}{4.0} \times 0.5 \approx 6$

$v_2 = -\frac{-49}{4.0} \times 1.2 \approx 15$

$v_3 = -\frac{-49}{4.0} \times 1.0 \approx 12$

$v_4 = -\frac{-49}{4.0} \times 1.3 \approx 16$

计算校核：$\sum v_i = 49$mm $= -f_h$

（4）计算改正后的高差

计算公式：$h_{i改}=h_{测}+v_i$

$h_{1改}=h_{1测}+v_1=2.264\text{m}+6\text{mm}=2.270\text{m}$

$h_{2改}=h_{2测}+v_2=2.275\text{m}+15\text{mm}=2.290\text{m}$

$h_{3改}=h_{3测}+v_3=-3.265\text{m}+12\text{mm}=-3.253\text{m}$

$h_{4改}=h_{4测}+v_4=-1.323\text{m}+16\text{mm}=-1.307\text{m}$

计算校核：$\sum h_{改}=2.270+2.290-3.253-1.307=0.000\text{m}$

（5）高程计算

$H_1=H_A+h_{1改}=35.139\text{m}+2.270\text{m}=37.409\text{m}$

$H_2=H_1+h_{2改}=37.409\text{m}+2.290\text{m}=39.699\text{m}$

$H_3=H_2+h_{3改}=39.699\text{m}-3.253\text{m}=36.446\text{m}$

$H_A=H_3+h_{4改}=36.446\text{m}-1.307\text{m}=35.139\text{m}$

计算检核：最后计算出的 A 点高程与 A 点已知高程相等，说明计算无误。

表 2-2　水准测量高程计算表

测段号	点名	距离（km）	测站数	实测高差（m）	改正数（mm）	改正后高差（m）	高程（m）	备注
1	2	3	4	5	6	7	8	9
1	BM$_A$	0.5	4	+2.264	6	2.270	35.139	已知
	1						37.409	
2		1.2	10	+2.275	15	2.290		
	2						39.699	
3		1.0	8	−3.265	12	−3.253		
	3						36.446	
4		1.3	12	−1.323	16	−1.307		
	BM$_A$						35.139	检核
Σ		4.0	34	−0.049	49	0		
辅助计算	$f_h=\sum h_{测}=-0.049\text{m}=-49\text{mm}$，$L=4.0\text{km}$ $fh_{容}=\pm40\sqrt{4.0}\text{ mm}=\pm80\text{mm}$，$|f_h|<|fh_{容}|$，所以成果合格							

附合水准路线的计算步骤与闭合水准路线计算步骤相同，只不过在计算闭合差时要用公式 $f_h=\sum h_{测}-\sum h_{理}=\sum h_{测}-（H_{终}-H_{始}）$。支水准路线计算高差时取其往、返测量高差绝对值的平均值作为高差值，符号与往测高差值相同。

模块五　电子水准仪的使用

一、电子水准仪的原理和特点

电子水准仪是利用电子图像感应器对条形码水准尺进行拍照来识别读数，当按下测量键时，仪器就会对瞄准并调好焦的水准尺上的条形码图片拍一个快照，然后把它和仪器内存中的数据进行比较和计算，从而得到读数。

电子水准仪的特点是精度高、速度快、读数客观，具有很高的工作效率。

二、科力达 DL2007 电子水准仪的构造（图 2-13）

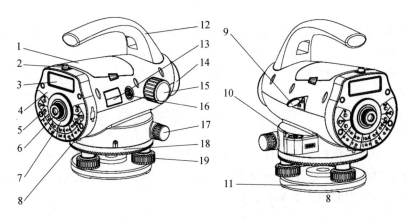

图 2-13　科力达 DL2007 电子水准仪的构造

1—电池；2—粗瞄器；3—液晶显示屏；4—面板；5—按键；6—目镜；7—目镜护罩；8—数据输出插口
9—圆水准器反射镜；10—圆水准器；11—基座；12—提柄；13—型号标贴；14—物镜
15—调焦手轮；16—电源开关/测量键；17—水平微动手轮；18—水平度盘；19—脚螺旋

三、各操作键及其功能

键符	键名	功能
POW/MEAS	电源开关/测量键	仪器开关机和用来进行测量 开机：仪器待机时轻按一下；关机：按约五秒左右
MENU	菜单键	进入菜单模式，菜单模式有下列选择项：标准测量模式、线路测量模式、检校模式、数据管理和格式化内存/数据卡
DIST	测距键	在测量状态下按此键测量并显示距离
↑ ↓	选择键	翻页菜单屏幕或数据显示屏幕
→◄—	数字移动键	查询数据时的左右翻页或输入状态时左右选择
ENT	确认键	用来确认模式参数或输入显示的数据
ESC	退出键	用来退出菜单模式或任一设置模式，也可作输入数据时的后退清除键
0～9	数字键	用来输入数字
.	小数点键	数据输入时输入小数点；在可输入字母或符号时，切换大小写字母和符号输入状态
REC	记录键	记录测量数据
SET	设置键	进入设置模式，设置模式是用来设置测量参数、条件参数和仪器参数
MANU	手工输入键	当不能用［MEAS］键进行测量时，可从键盘手工输入
REP	重复测量键	在连续水准线路测量时，可用来重测已测过的后视或前视

四、电子水准仪的使用

（1）仪器的安置和整平：同普通的自动安平水准仪。

（2）开机：按下右侧开关/测量键（POW/MEAS）开机加电，直到屏幕显示电池图标。

（3）照准与调焦：使用粗瞄器对准水准尺后，慢慢旋转目镜使十字丝影像清晰，再旋转调焦手轮直至水准尺的影像清晰，转动水平微动螺旋使十字丝竖丝位于水准尺的中心，消除视差。

（4）测量：按下右侧开关/测量键（POW/MEAS）开始测量，结果会显示在屏幕上。不断重复第（3）、（4）步，直到所有测量工作完成。

（5）关机：测量工作完成后，按下右侧开关/测量键（POW/MEAS）约5秒关机。

模块六　水准测量误差

测量工作中由于仪器、人、环境等各种因素的影响，使测量成果中都带有误差。为了保证测量成果的精度，需要分析研究产生误差的原因，并采取措施消除和减小误差的影响。水准测量中误差的主要来源如下：

一、仪器误差

1. 视准轴与水准管轴不平行引起的误差

仪器虽经过校正，但 i 角仍会有微小的残余误差。当在测量时如能保持前视和后视的距离相等，这种误差就能消除。当因某种原因某一测站的前视（或后视）距离较大，那么就在下一测站上使后视（或前视）距离较大，使误差得到补偿。

2. 调焦引起的误差

当调焦时，调焦透镜光心移动的轨迹和望远镜光轴不重合，则改变调焦就会引起视准轴的改变，从而改变了视准轴与水准管轴的关系。如果在测量中保持前视后视距离相等，就可在前视和后视读数过程中不改变调焦，避免因调焦而引起的误差。

3. 水准尺的误差

水准尺的误差包括分划误差和尺身构造上的误差，构造上的误差如零点误差和塔尺的接头误差等，所以使用前应对水准尺进行检验。水准尺的分划误差是每米真长的误差，它具有积累性质，高差愈大误差也愈大，对于误差过大的应在成果中加入尺长改正。

二、观测误差

1. 气泡居中误差

视线水平是以气泡居中或符合为根据的，但气泡的居中或符合都是凭肉眼来判断，不能绝对准确。气泡居中的精度也就是水准管的灵敏度，它主要取决于水准管的分划值。为了减小气泡居中误差的影响，应对视线长加以限制，观测时应使气泡精确地居中或符合。

2. 估读水准尺分划的误差

水准尺上的毫米数都是估读的，估读的误差取决于视场中十字丝和厘米分划的宽度，所以估读误差与望远镜的放大率及视线的长度有关。通常在望远镜中十字丝的宽度为厘米分划宽度的十分之一时，能准确估读出毫米数。所以在各种等级的水准测量中，对望远镜的放大率和视线长的限制都有一定的要求。此外，在观测中还应注意消除视差，并避免在成像不清晰时进行观测。

3. 扶水准尺不直的误差

水准尺没有扶直，无论向哪一侧倾斜都使读数偏大。这种误差随尺的倾斜角和读数的增大而增大。为使水准尺能扶直，水准尺上最好装有水准器。没有水准器时，要尽量扶直。

三、外界环境的影响

1. 仪器下沉和水准尺下沉的误差

在读取后视读数和前视读数之间若仪器下沉了 Δ，由于前视读数减少了 Δ 从而使高差增大了 Δ。在松软的土地上，每一测站都可能产生这种误差。当采用双面尺法或变动仪器高法时，第二次观测可先读前视点 B，然后读后视点 A，则可使所得高差偏小，两次高差的平均值可消除一部分仪器下沉的误差。用往测、返测时，亦因同样的原因可消除部分的误差。

在仪器从一个测站迁到下一个测站的过程中，若转点下沉了 Δ，则使下一测站的后视读数偏大，使高差也增大 Δ。在同样情况下返测，则使高差的绝对值减小。所以取往返测的平均高差，可以减弱水准尺下沉的影响。

所以，在进行水准测量时，必须选择坚实的地点安置仪器和转点，避免仪器和尺的下沉。

2. 地球曲率和大气折光的误差

地球曲率和大气折光都会造成读数变大，引起的误差，当前后视距相等时，这种误差在计算高差时可自行消除。另外，限制视线的长度可以使这种误差大为减小。

3. 气候的影响

除了上述各种误差来源外，气候的影响也给水准测量带来误差，如风吹、日晒、温度的变化和地面水分的蒸发等，所以观测时应注意气候带来的影响。为了防止日光曝晒，仪器应打伞保护，无风的阴天是最理想的观测天气。

习题：

1. 什么叫视差？产生视差的原因是什么？怎样消除视差？

2. 圆水准器和管水准器在水准测量中各起什么作用？

3. 使用水准仪应注意哪些事项？

4. 设 A 点为后视点，B 点为前视点，A 点高程为 6.325m，当后视读数为 1.342m，前视读数为 1.013m，求：(1) A、B 两点的高差？(2) A、B 两点哪个点高？(3) B 点的高程是多少？并绘图说明。

实训操作：

1. 在实训楼四周的道路上设置 4 个水准点，分别命名为 A、B、C、D，假定 A 点的高程为 6.000m，用闭合水准路线方法测量其他三个水准点 B、C、D 的高程。

2. 已知学校南门水准点 S 的高程为 6.135m，运用所学知识测量假山的高程。

项目三 角度测量

学习目标：

知识目标：掌握水平角、竖直角的概念和测量原理；了解测量水平角和竖直角的误差来源。

技能目标：熟练操作光学经纬仪和读数；能完成水平角测回法观测和记录表格的填写、计算；掌握竖直度盘的构造和竖直角计算公式；能用电子经纬仪熟练观测水平角和竖直角。

素质目标：养成认真仔细的良好习惯；养成严守规范的良好习惯；养成团结协作、诚实守信、爱岗敬业、吃苦耐劳的职业品质；养成自主学习、交流沟通、树立终身学习的理念。

学时建议： 10 学时

任务导入： 利用影子测量塔的高度、利用树林测量河的宽度，这些都是利用三角函数来完成的，那么其中的角度是怎么测量的呢？项目三将为我们解开这个谜题。

模块一 角度测量原理

一、水平角测量原理

（一）水平角定义

从一点发出的两条空间直线在同一水平面上投影的夹角，即二面角，称为水平角。用 β 表示。

（二）水平角的测角原理

如图 3-1 所示，A、O、B 为地面上任意三点。O 为测站点，A、B 为目标点，则从 O 点观测 A、B 的水平角为 OA、OB 两方向线垂直投影 oa、ob 在水平面上的所成的夹角 $\angle aob = \beta$。或为过 OA、OB 的两竖直面间的两面角。水平角的角值范围为顺时针 $0° \sim 360°$。

测角仪器用来测量角度的必要条件是：

（1）仪器的中心必须位于角顶点的铅垂线上。

（2）照准部设备（望远镜）要既能在水平面内转动，又能在竖直面内转动，用来照准目标 A、B。

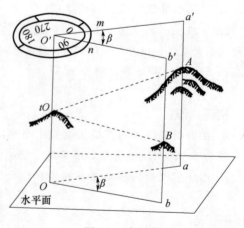

图 3-1 水平角

（3）要具有一个有刻划的圆盘，圆盘上有顺时针方向注记的 $0° \sim 360°$ 并能安置成水平位置。度盘的中心在 O 点的铅垂线上。

（4）要有读数设备，读取投影方向在圆盘上的读数。

二、竖直角测量原理

（一）竖直角定义

在同一竖直面内，目标视线与水平线之间的夹角，称为竖直角。又称为倾角、竖角或垂直角，用 α 表示，其范围在 $0°\sim\pm90°$ 之间。如图 3-2 所示，当视线位于水平线之上，竖直角为正，称为仰角；反之当视线位于水平线之下，竖直角为负，称为俯角。

（二）竖直角的测量原理

竖直角与水平角一样。其角值也是竖直度盘上两个方向的读数之差。不同的是这两个方向必有一个是水平方向。经纬仪设计时，将提供这一固定方向，即视线水平时，竖直度盘为 $90°$ 的倍数。在竖直角测量时，只需读目标点一方向值即可算。

为了测定竖直角，可在过目标点的铅垂面内装置一个刻度盘，称为竖直度盘或简称竖盘。通过望远镜和读数设备可分别获得目标视线和水平视线的读数。竖直角为目标视线读数与水平视线读数之差。

（三）竖直角与天顶距的关系

视线与测站点天顶方向之间的夹角称为天顶距，用 Z 表示，其数值为 $0°\sim180°$，均为正值。它与竖直角的关系如图 3-2 所示。

$$\alpha = 90° - Z \tag{3-1}$$

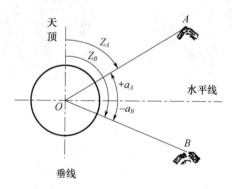

图 3-2　竖直角与天顶距的关系

模块二　光学经纬仪的使用

测量角度的主要仪器是经纬仪，经纬仪按读数设备分为光学经纬仪和电子经纬仪。目前在建筑测量中使用较多的是光学经纬仪。电子经纬仪作为近代电子技术高度发展的产物之一，越来越得到广泛应用。

经纬仪的种类很多，基本构造大致相同。经纬仪按精度不同分为 DJ_{07}、DJ_1、DJ_2、DJ_6 等几个等级。D、J 分别是"大地测量"和"经纬仪"的汉语拼音第一个字母，07、1、2、6 表示该仪器能达到的测量精度，即"一测回方向观测中误差"，单位为秒。其中 DJ_6 光学经纬仪在工程中应用最广。

一、DJ₆ 光学经纬仪的构造（图 3-3）

（一）DJ₆ 光学经纬仪的基本构造包括照准部、水平度盘、基座三部分。

1. 照准部

照准部主要部件有望远镜、管水准器、竖直度盘、读数设备等。望远镜由物镜、目镜、十字丝分划板、调焦透镜组成。

望远镜的主要作用是照准目标，望远镜与横轴固连在一起，由望远镜制动螺旋和微动螺旋控制其做上下转动。照准部可绕竖轴在水平方向转动，由照准部制动螺旋和微动螺旋控制其水平转动。望远镜的构造与水准仪基本相同，主要用来照准目标，仅十字丝板稍有不同，如图 3-4 所示。

照准部水准管用于精确整平仪器。

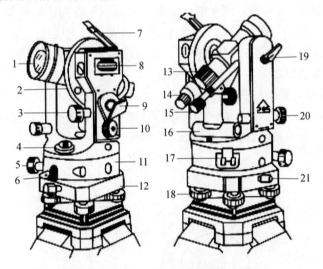

图 3-3 DJ₄ 光学经纬仪构造

1—物镜；2—竖直度盘；3—竖盘指标水准管微动螺旋；4—圆水准器；5—照准部微动螺旋；
6—照准部制动螺旋；7—水准管反光镜；8—竖盘指标水准管；9—度盘照明反光镜；
10—测微轮；11—水平度盘；12—基座；13—望远镜调焦筒；14—目镜；
15—读数显微镜目镜；16—照准部水准管；17—复测扳手；18—脚螺旋；
19—望远镜制动螺旋；20—望远镜微动螺旋；21—轴座固定螺旋

竖直度盘是为了测竖直角设置的，可随望远镜一起转动。另设竖盘指标自动补偿器装置和开关，借助自动补偿器使读数指标处于正确位置。

读数设备，通过一系列光学棱镜将水平度盘和竖直度盘及测微器的分划都显示在读数显微镜内，通过仪器反光镜将光线反射到仪器内部，以便读取度盘读数。

另外为了能将竖轴中心线安置在过测站点的铅垂线上，在经纬仪上都设有对点装置。一般光学经纬仪都设有垂球对点装置或光学对点装置，垂球对点装置

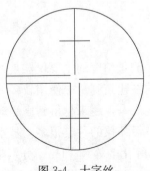

图 3-4 十字丝

是在中心螺旋下面装有垂球挂钩，将垂球挂在钩上即可；光学对点装置是通过安装在旋转轴中心的转向棱镜，将地面点成像在对点分划板上，通过对中目镜放大，同时看到地面点和对点分划板的影像，若地面点位于对点分划板刻划中心，并且水准管气泡居中，则说明仪器中心与地面点位于同一铅垂线上。

2. 水平度盘

水平度盘是一个光学玻璃圆环，圆环上按顺时针刻划注记 0°～360°分划线，主要用来测量水平角。观测水平角时，经常需要将某个起始方向的读数配置为预先指定的数值，称为水平度盘的配置，水平度盘的配置机构有复测机构和拨盘机构两种类型，当转动拨盘机构变换手轮时，水平度盘随之转动，水平读数发生变化，而照准部不动，当压住度盘变换手轮下的保险手柄，可将度盘变换手轮向里推进并转动，即可将度盘转动到需要的读数位置上。

3. 基座

主要由基座、圆水准器、脚螺旋和连接板组成，基座是支承仪器的底座，照准部同水平度盘一起插入轴座，用固定螺丝固定。圆水准器用于粗略整平仪器，三个脚螺旋用于整平仪器，从而使竖轴竖直，水平度盘水平。连接板用于将仪器稳固地连接在三脚架上。

（二）DJ$_6$ 光学经纬仪的读数方法

如图 3-5（a）所示，DJ$_6''$级光学经纬仪一般采用分微尺读数。在读数显微镜内，可以同时看到水平度盘和竖直度盘的像。注有"H"字样的是水平度盘，注有"V"字样的是竖直度盘，在水平度盘和竖直度盘上，相邻两分划线间的弧长所对的圆心角称为度盘的分划值。DJ$_6$ 经纬仪分划值为 1°，按顺时针方向每度注有度数，小于 1°的读数在分微尺上读取。如图 3-5（b）所示读数窗内的分微尺有 60 小格，其长度等于度盘上间隔为 1°的两根分划线在读数窗中的影像长度。因此，测微尺上一小格的分划值为 1′，可估读到 0.1′分微尺上的零分划线为读数指标线。

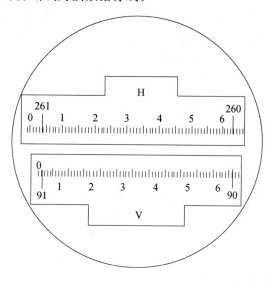

图 3-5（a）　望远镜读数窗

读数方法：瞄准目标后，将反光镜掀开，使读数显微镜内光线适中，然后转动、调

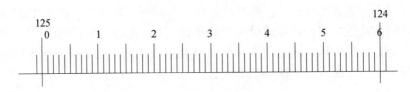

图 3-5（b） 水平读盘分微尺读数

节读数窗口的目镜调焦螺旋，使分划线清晰，并消除视差，直接读取度盘分划线注记读数及分微尺上 0 指标线到度盘分划线读数，两数相加，即得该目标方向的度盘读数，采用分微尺读数方法简单、直观。如图 3-5（c）所示，水平盘读数为 125°13′12″。

图 3-5（c） 水平度盘读数

（三）DJ₂ 光学经纬仪的构造

如图 3-6 所示，DJ₂ 与 DJ₆ 相比，增加了以下部件：测微轮——用于读数时，对径分划线影像符合；换像手轮——用于水平读数和竖直读数间的互换；竖直读盘反光镜——竖直读数时反光。

DJ₂ 光学经纬仪的读数方法：在读数窗内一次只能看到一个度盘的影像。读数时，可通过转动换像手轮，转换到所需要的度盘影像，以免读错度盘，当手轮面上，刻线处于水平位置时，显示水平度盘影像，当刻线处于竖直位置时，显示竖直度盘影像。采用数字式读数装置使读数简化。如图 3-7 所示，上窗数字为度数，读数窗上突出小方框中所注

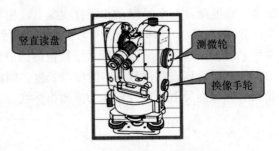

图 3-6 DJ₂ 与 DJ₆ 的构造区别

数字为整 10′，中间的小窗为分划线符合窗，下方的小窗为测微器读数窗，读数时瞄准目标后，转动测微轮使度盘对径分划线重合，度数由上窗读取，整 10′ 数由小方框中数字读取，小于 10′ 的由下方小窗中读取，如图 3-7 所示，读数为 120°24′54.8″。

二、DJ₆ 光学经纬仪的使用

经纬仪的使用包括对中、整平、瞄准、读数四项基本操作。对中和整平是仪器的安置工作，瞄准和读数是观测工作。

（一）光学经纬仪的安置

1. 对中

对中的目的是使仪器的中心与测站点的中心位于同一铅垂线上。

2. 整平

整平的目的是使仪器的竖轴处于铅垂位置，水平度盘处于水平状态，经纬仪的整平

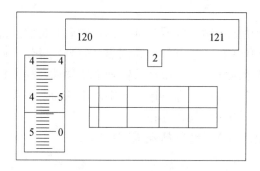

图 3-7　DJ_2 数字读数

是通过调节脚螺旋，以照准部水准管为标准来进行的。

3. 用光学对中器对中及整平的方法

（1）初步对中

从光学对中器中观察对中器分划板和测站点成像，若不清晰，可分别进行对中器目镜和物镜调焦，直至清晰为止。固定三脚架的一条腿于测站点旁适当位置，两手分别握住三角架另外两条腿作前后移动或左右转动，同时从光学对中器中观察，使对中器对准测站点。

（2）初步整平

根据气泡偏离情况，分别伸长或缩短三角架腿，使圆水准器气泡居中。

（3）精确整平

操作步骤如图 3-8 所示，先转动仪器使水准管平行任意两个脚螺旋的连线，然后同时相反或相对转动这两个脚螺旋如图 3-8（a）所示，使气泡居中，气泡移动的方向与左手大拇指移动的方向一致；再将仪器旋转 90°，置水准管于图 3-8（b）所示的位置，转动第三个脚螺旋，使气泡居中。按上述方法反复进行，直至仪器旋转到任何位置，水准管气泡偏离零点不超过一格为止。

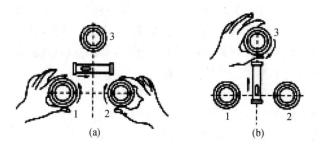

图 3-8　精确整平示意图

（4）精确对中

稍微放松连接螺旋，平移经纬仪基座，使对中器精确对准测站点。

精确整平和精确对中应反复进行，直到对中和整平均达到要求为止。

（二）瞄准

瞄准就是用望远镜十字丝的交点精确对准目标。其操作顺序是：

（1）松开照准部和望远镜制动螺旋。

（2）调节目镜，将望远镜瞄准远处天空，转动目镜调焦螺旋，直至十字丝分划最清晰。

（3）转动照准部，用望远镜粗瞄器瞄准目标，然后固定照准部。

（4）转动望远镜调焦螺旋，进行望远镜调焦（对光）操作，使目标成像清晰。

在瞄准时，要注意消除视差。人眼在目镜处上下移动，检查目标影像和十字丝是否相对晃动。如有晃动现象，说明目标影像与十字丝不共面，即存在视差，视差影响瞄准精度，要重新调节对光，直至无视差存在。

（5）用照准部和望远镜微动螺旋精确瞄准目标。

（三）读数

打开反光镜，转动读数显微镜调焦螺旋，使读数分划清晰，然后根据仪器的读数装置，按前述方法进行读数。

模块三 水平角测量

水平角测量方法根据测量工作的精度要求、观测目标的多少及所用的仪器而定，常用的有测回法、方向观测法。

由于望远镜可绕经纬仪横轴旋转 $360°$，在角度测量时依据望远镜与竖直度盘的位置关系，望远镜位置可分为正镜和倒镜两个位置。正镜、倒镜是指观测者正对望远镜目镜时竖直度盘分别位于望远镜的左侧和右侧而言，有时也称盘左、盘右。理论上正镜、倒镜瞄准同一目标时水平度盘读数相差 $180°$。

一、测回法

1. 适用范围

测回法适用于在一个测站有两个观测方向的水平角观测。

2. 观测步骤

如图 3-9 所示，设要观测的水平角为 $\angle AOB$，先在目标点 A、B 设置观测标志，在测站点 O 安置经纬仪，然后分别瞄准 A、B 两目标点进行读数，水平度盘两个读数之差即为要测的水平角，为了消除水平角观测中的某些误差，通常对同一角度要进行盘左、盘右两个盘位观测，盘左位置观测，称为上半测回，盘右位置观测，称为下半测回，上下两个半测回合称为一个测回。具体步骤如下：

（1）将经纬仪安置在测站点 O，对中、整平。

（2）第一测回上半测回

盘左瞄准左边 A，配置水平度盘读数至 $0°$ 或 $0°$ 多一点，读取 a_1。

顺时针旋转瞄准右边 B，读取 b_1。

则上半测回角值：

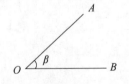

图 3-9 测回法测角示意图

$$\beta_左 = b_1 - a_1 \qquad (3-2)$$

（3）第一测回下半测回

倒镜成盘右，瞄准右边 B，读取 b_2。

逆时针旋转瞄准左边 A，读取 a_2。

则下半测回角值：

$$\beta_{\text{右}} = b_2 - a_2 \tag{3-3}$$

（4）计算角值。若 $\beta_{\text{左}} - \beta_{\text{右}} \leqslant \pm 40''$，则有：

$$\beta = \frac{\beta_{\text{左}} + \beta_{\text{右}}}{2} \tag{3-4}$$

（5）第二测回观测步骤与第一测回观测步骤近似相同，唯一不同是上半测回起始方向配置读数略大于 $90°$。

（6）水平角值为两测回角值的平均值。

注：（1）若要观测 n 个测回，为减少度盘分划误差，各测回间应按 $180°/n$ 的差值来配置水平度盘。

（2）按照测量中"4 舍 6 入，5 前单进双舍"的数据进位原则进行角值取整。

（3）上、下半测回角值较差的限差应满足有关测量规范的限差规定，对 DJ_6 经纬仪，一般为 $\pm 40''$。当较差小于限差时，取平均值作为一测回的角值，否则应重测。若精度要求较高时，可按规范要求测若干个测回，当用 DJ_6 经纬仪观测时，各测回间的角值较差不超过 $24''$，可取其平均值做为最后结果。

示例如表 3-1 所示。

表 3-1　测回法水平角观测记录表

测站	测回	竖盘位置	目标	水平度盘读数			半测回角值			一测回角值			各测回平均角值	备注
				°	′	″	°	′	″	°	′	″		
P	1	左	A	0	01	12	108	11	24	108	11	27	108　11　33	
			B	108	12	36								
		右	A	180	01	00	108	11	30					
			B	288	12	30								
	2	左	A	90	02	00	108	11	42	108	11	39		
			B	198	13	42								
		右	A	270	01	48	108	11	36					
			B	18	13	24								

二、方向观测法

1．适用范围

在一个测站上需要观测三个以上方向。

2．观测步骤

如图 3-10，有四个观测方向

（1）上半测回

选择一明显目标 A 作为起始方向（零方向），用盘左瞄准 A，配置度盘，顺时针依次观测 A、B、C、D、A。

（2）下半测回

倒镜成盘右，逆时针依次观测 A、D、C、B、A。

同理各测回间按 $180°/n$ 的差值，来配置水平度盘。

3．记录、计算

（1）半测回归零差：即上、下半测回中零方向两次读数之差 Δ（$a_L - a'_L$，$a_R - a'_R$，

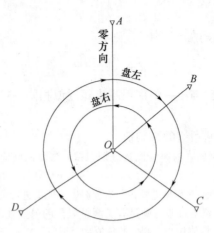

图 3-10　方向观测法测角示意图

表 3-2 中第一测回中盘左、盘右半测回归零差分别为 $+6''$ 和 $-12''$。归零差超限，说明经纬仪的基座或三角架在观测过程中可能有变动，或者是对 A 点的观测有错，此时该半测回须重测；若未超限，则可继续下半测回。

表 3-2　方向观测法观测记录表

测回数	测站	目标	水平度盘读数		2C	平均方向值	归零方向值	各测回归零方向值的平均值
			盘左	盘右				
			° ′ ″	° ′ ″	″	° ′ ″	° ′ ″	° ′ ″
1	O	A	00 00 00	180 00 06	−6	(00 00 07) 00 00 03	00 00 00	
		B	92 55 08	272 55 18	−10	92 55 13	92 55 06	
		C	158 35 40	338 35 48	−8	158 35 44	158 35 37	
		D	244 08 10	64 08 20	−10	244 08 15	244 08 08	
		A	00 00 06	180 00 16	−10	00 00 11		
		△	+6	+10				00 00 00 92 55 01 158 35 32 244 08 04
2		A	90 00 12	270 00 16	−4	(90 00 18) 90 00 14	00 00 00	
		B	182 55 09	02 55 18	−9	182 55 14	92 54 56	
		C	248 35 42	68 35 50	−8	248 35 46	158 35 28	
		D	334 08 16	154 08 22	−6	334 08 19	244 08 01	
		A	90 00 16	270 00 26	−10	90 00 21		
		△	+6	+10				

（2）$2c$ 值：$2c$ 值是指上下半测回中，同一方向盘左、盘右水平度盘读数之差，即 $2c=$ 盘左读数 −（盘右读数 ±180°）（当盘右读数 >180° 时，取"−"，否则取"+"下同）。它主要反映了 2 倍的视准轴误差，而各测回同方向的 $2c$ 值互差，则反映了方向观测中的偶然误差，偶然误差应不超过一定的范围，见表 3-3。

表 3-3　方向观测法的限差要求

经纬仪型号	半测回归零差	各测回同方向 2c 值互差	各测回同方向归零方向值互差
DJ₂	8″	13″	10″
DJ₆	18″	—	24″

（3）平均方向值：指各测回中同一方向盘左和盘右读数的平均值，平均方向值＝1/2〔盘左读数＋（盘右读数±180°）〕。表 3-2 第 6 栏中第一测回零方向有两个平均值 0°00′05″和 0°00′13″，取这两个平均值的平均值 0°00′09″记在第 6 栏上方，并加上括号。

（4）归零方向值：各平均方向值减去零方向括号内之值．例：92°55′13″－0°00′09″＝92°55′04″。

（5）各测回归零后平均方向值的计算：当一个测站观测两个或两个以上测回时，应检查同一方向值各测回的互差。互差要求见表 3-3。若检查结果符合要求，各测回同一方向归零后方向的平均值作为最后结果，列入表 3-2 第 9 栏。

模块四　竖直角测量

一、竖直度盘的构造

如图 3-11 所示，经纬仪的竖直度盘是固定安装在望远镜旋转轴（横轴）的一端，其刻划中心与横轴的旋转中心重合，所以在望远镜做竖直方向旋转时，度盘也随之转动。分微尺的零分划线作为读数指标线相对于转动的竖盘是固定不动的。根据竖直角的测量原理，竖直角 α 是视线读数与水平线读数之差，水平方向线的读数是固定数值，所以当竖盘转动在不同位置时用读数指标读取视线读数，就可以计算出竖直角。

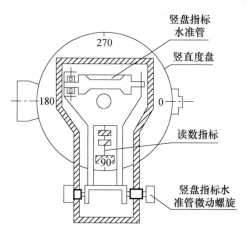

图 3-11　竖直度盘的构造

竖直度盘的刻划有全圆顺时针和全圆逆时针两种，如图 3-12 所示盘左位置，图 3-12（a）为全圆顺时针方向注字，图 3-12（b）为全圆逆针方向注字。当视线水平时指标线所指的盘左读数为 90°，盘右为 270°。对于竖盘指标的要求是，始终能够读出与竖盘刻划中心在同一铅垂线上的竖盘读数，为了满足这一个要求，早期的光学经纬仪多采用水准管竖盘结构，这种结构将读数指标与竖盘水准管固连在一起，转动竖盘水准管整平螺旋，使气泡居中，读数指标处于正确位置，可以读数。现代的仪器则采用自动补偿器竖盘结构，这种结构是借助一组棱镜的折射原理，自动使读数指标处于正确位置。也称为自动归零装置，整平和瞄准目标后，能立即读数，因此操作简便，读数准确，速度快。

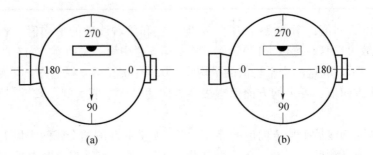

图 3-12　竖直度盘的注记形式

二、竖直角的计算公式

下面以顺时针方向注记形式说明竖直角的计算方法及如何确定计算式。

如图 3-13 所示，盘左位置，视线水平时读数为 90°。望远镜上仰视线向上倾斜，指标处读数减小，根据竖直角定义仰角为正，则盘左时竖直角计算公式为（3-5）式，如果 $L > 90°$，竖直角为负值，表示是俯角。

盘右位置，视线水平时读数为 270°。望远镜上仰，视线向上倾斜，指标处读数增大，根据竖直角定义仰角为正，则盘右时竖直角计算公式为（3-6）式，如果 $R < 270°$，竖直角为负值，表示是俯角。

$$\alpha_L = 90° - L \tag{3-5}$$

$$\alpha_R = R - 270° \tag{3-6}$$

式中　L——盘左竖盘读数

　　　R——盘右竖盘读数

为了提高竖直角精度，取盘左、盘右的平均值作为最后结果。如式 3-7 所示。

$$\alpha = \frac{\alpha_L + \alpha_R}{2} = \frac{1}{2}(R - L - 180°) \tag{3-7}$$

同理可推出逆时针刻划注记的竖直角计算式（3-8）、式（3-9）。

$$\alpha_L = L - 90° \tag{3-8}$$

$$\alpha_R = 270° - R \tag{3-9}$$

三、竖直角观测

（一）竖直角观测

（1）安置仪器于测站点 A，对中、整平。

（2）盘左位置瞄准 B 点，用十字丝横丝照准或相切目标点。

（3）调节竖盘指标水准管微动螺旋，使气泡居中，读取竖直度盘的读数 L。这样就完成了上半个测回的观测。

（4）将望远镜倒镜变成盘右，瞄准 B 点读取竖直度盘的读数 R，这样就完成了下半个测回的观测。

上、下半测回合称为一个测回，根据需要进行多个测回的观测。

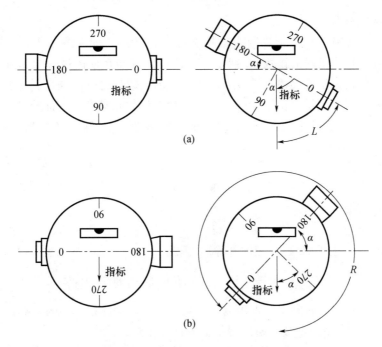

(a)

(b)

图 3-13　顺时针分划注记竖直角计算示意图

用同样的方法观测 C 点的竖直角。示意参见图 3-14。

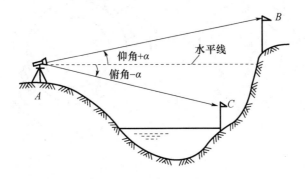

图 3-14　竖直角观测示意图

（二）竖直角的记录与计算

将各观测数据填入表 3-4 的竖直角观测手簿中，并按式（3-5）和式（3-6）分别计算半测回竖直角，再按式（3-7）计算出一测回竖直角值。

表 3-4　竖直角观测记录表

测站	目标	盘位	竖盘读数 ° ′ ″	半测回竖直角 ° ′ ″	指标差 ″	一个测回竖直角 ° ′ ″	备注
A	B	左	74 45 12	15 14 48	−6	15 14 42	竖直度盘是顺时针注记的
		右	285 14 36	15 14 36			
	C	左	112 03 36	−22 03 36	12	−22 03 24	
		右	247 56 48	−22 03 12			

四、竖盘指标差

上述竖直角计算公式是依据竖盘的构造和注记特点，即视线水平，竖盘自动归零时，竖盘指标应指在正确的读数 90°或 270°上，但因仪器在使用过程中受到震动或者制造上不严密，使指标位置偏移，导致视线水平时的读数与正确读数有一差值，此差值称为竖盘指标差，用 χ 表示。由于指标差存在，盘左读数和盘右读数都差了一个 χ 值。正确的竖直角应对竖盘读数进行指标差改正。由图 3-15 可知，竖直角计算公式为式 (3-10)、式 (3-11)。

盘左竖直角值：

$$\alpha_L = 90° - (L - \chi) \tag{3-10}$$

盘右竖直角值：

$$\alpha_R = (R - \chi) - 270° \tag{3-11}$$

将式 (3-10) 与式 (3-11) 相加并除以 2 得：

$$\alpha = \frac{\alpha_L + \alpha_R}{2} = \frac{1}{2}(R - L - 180°) \tag{3-12}$$

因此，用盘左、盘右测得竖直角取其平均值，可以消除指标差的影响。

将式 (3-11) 与式 (3-12) 相减得指标差计算公式：

$$\chi = \frac{\alpha_R - \alpha_L}{2} = \frac{1}{2}(R + L - 360°) \tag{3-13}$$

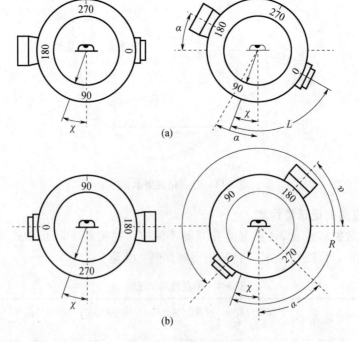

图 3-15　竖盘指标差

用单盘位观测时，应加指标差改正，可以得到正确的竖直角。当指标偏移方向与竖盘注记的方向相同时指标差为正，反之为负。

由上述可知测量竖直角时，盘左盘右观测取平均值可以消除指标差对竖直角的影响，对同一台仪器的指标差，在短时间段内理论上为定值，即使受外界条件变化和观测误差的影响，也不会有大的变化，因此在精度要求不高时，先测定 χ 值，以后观测时可以用单盘位观测，加指标差改正得正确的竖直角。

在竖直角测量中，常以指标差检验观测成果的质量，即在观测不同的测回中或不同的目标时，指标差的互差不应超过规定的限制，对于 DJ$_6$ 级经纬仪同一测回中，各方向指标差互差不超过 24″，同一方向各测回竖直角互差不超过 24″。

模块五　电子经纬仪的使用

20 世纪 60 年代以来，随着近代光学、电子学的发展，使角度测量向自动化记录方向改进有了技术基础，从而出现了电子经纬仪等自动化测角仪器。电子经纬仪在结构及外现上和光学经纬仪相类似，主要不同点在于读数系统，它采用光电扫描和电子元件进行自动读数和液晶显示。电子测角虽然仍旧采用度盘来进行，但不是按度盘上的刻划，用光学经纬仪读数法读取角度值，而是以度盘上取得电信号，再将电信号转换成角度值。电子测角的度盘主要有编码度盘、光栅度盘和动态测角度盘三种形式。

下面以目前使用广泛的南方 DT02 型电子经纬仪为例讲述电子经纬仪的基本功能和构造以及操作方法。

一、经纬仪的构造

DT02 型电子经纬仪主要由基座、水平度盘、照准部三部分组成。与光学经纬仪不同的是照准部上有读数显示屏和键盘。见图 3-16。

图 3-16　DT02 型电子经纬仪构造

二、经纬仪装箱

电子经纬仪的装箱有着很严格的要求，非法的装箱极容易破坏仪器的度盘配置，从而导致测量误差过大以及损坏仪器。正确的装箱步骤是。示意如图 3-17 所示。

（1）松开水平制动螺旋以及竖直制动螺旋。

（2）左手托基座、右手抓紧提手，将望远镜物镜镜头朝上。

（3）平卧仪器并将竖直制动螺旋朝上、将圆水准气泡朝上。

（4）将仪器放置于箱底，确认望远镜镜头能自由转动，并检查仪器是否放置稳妥。

（5）确保箱子严丝合缝，扣上仪器箱的盖子。禁止通过按压仪器箱盖子使箱子合拢。

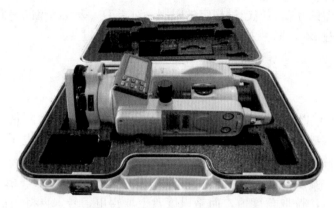

图 3-17　DT02 型电子经纬仪装箱

三、经纬仪的功能

本仪器键盘具有一键双重功能，一般情况下仪器执行按键上所标示的第一（基本）功能，当按下切换键后再按其余各键则执行按键上方面板上所标示的第二（扩展）功能。示意如图 3-18 所示。

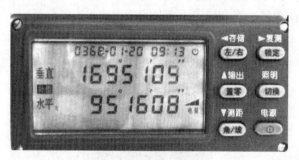

图 3-18　DT02 型电子经纬仪键盘

（1）存储、左/右：显示左旋/右旋水平角选择键。连续按此键，两种角值交替显示。切换模式下按此键，当前角度闪烁两次，然后当前角度数据存储到内存中。在特种功能模式中按此键，显示屏中的光标左移。

（2）复测、锁定：水平角锁定键。连续按两次，水平角锁定；再按一次则解除。复测键，切换模式下按住此键进入复测状态。在特种功能模式中按住此键，显示屏中的光标右移。

（3）输出、置零：水平角置零键。按此键两次，水平角置零。输出键，切换模式下按此键，输出当前角度到串口，也可以令电子手簿执行记录。减量键，在特种功能模式中按此键，显示屏中的光标可向上移动或数字向下减少。

（4）测距、角/坡：竖直角和斜率百分比显示转换键。连续按此键交替显示。测距键。在切换模式下，按此键每秒跟踪测距一次，精度到 0.01m（连续测距有效）。连续按此键则交替显示斜距、平距、高差、角度。增量键，在特种功能模式中按住此键，显示屏中的光标可向上移动或数字向上增加。

（5）照明、切换：模式转换键。连续按键，仪器交替进入一种模式，分别执行键上或面板标示功能。在特种功能模式中按此键，可以退出或者确定。望远镜十字丝和显示屏照明键，长按（3秒）切换开灯照明；再长按（3秒）望远镜十字丝和显示屏照明键。长按（3秒）切换开灯照明；再长按（3秒）则关。

（6）电源开关键，按键开机；按键大于2秒则关机。

四、经纬仪的安置

（1）将脚架与仪器连接好，使架头大致水平且位于测站点的正上方。

（2）光学对点器调焦，使对中器目标成像清晰，在安置脚架的同时用眼睛观测对中器，适当移动脚架使对中器中心置于测站点上方。

（3）运用左手法则调节脚螺旋，使对点器精确对准测站点的中心。

（4）伸缩脚架使圆水准气泡水平。

（5）微调脚螺旋使管水准气泡精平：将管水准气泡调至与两个脚螺旋平行方向，调节该两个脚螺旋使管水准气泡居中，将管水准气泡转动90°，调节第3个脚螺旋将管水准气泡调平。

（6）由于第5步调整脚螺旋的过程会使对中器产生偏移，因此必须重新精确对中，方法是：松开连接螺丝（不可使连接螺丝与仪器完全失去连接），平推基座使对中器对中。若此时气泡不水平，则重复5~6步骤直至气泡完全水平且对中器对准目标点。（必须为平推，因为平推在对中的同时不会改变仪器的水平。）

五、经纬仪观测

（1）取下望远镜镜盖。

观察目镜并调整目镜调焦螺旋，使分划板十字丝清晰。观察目镜时，眼睛应放松，以免产生视觉和眼睛疲劳。当光亮度不足难以看清十字丝时，长按切换键对十字丝进行照明。

（2）瞄准器的准星对准目标。

（3）调整望远镜调焦螺旋，直至目标成像最清晰。

（4）锁定水平与垂直制动螺旋，微调两微动螺旋，将十字丝中心精确照准目标，这时眼睛左右上下轻微移动观察，若目标中心与十字丝两影像间有移位现象，则应该再微调望远镜物镜以及目镜调焦螺旋，直至两影像清晰且相对静止。对较近目标调焦时，顺时针转动调焦螺旋，较远目标则逆时针方向旋转。若焦距未调整好，则视差会歪曲目标与十字丝中心的关系，从而导致观测误差。用微动螺旋对目标做最后精确照准时，应保持微动螺旋顺时针方向旋转。如果旋转过头，最好返回再重新按顺时针方向旋转螺旋进行照准，即使不测竖直角，我们仍建议用十字丝中心位置照准目标。

六、水平角与竖直角测量

1. 测回法量测水平角操作步骤

（1）设置水平角右旋。

（2）盘左以十字丝中心照准目标 A，按两次置零键，目标 A 的水平角度设置为 $0°00'00''$，作为水平角起算的零方向。

（3）顺时针方向转动照准部（HR），以十字丝中心照准目标 B，读取水平读数。

（4）盘右以十字丝中心照准目标 B，读取水平读数。

（5）逆时针方向转动照准部（HL），以十字丝中心照准目标 A，读取水平读数。

2. 竖直角的零方向设置

竖直角在作业开始前就应依作业需要而进行初始设置，选择天顶方向为 0°或水平方向为 0°。（方法参阅初始设置说明）仪器出厂时设置为：天顶为 0°，两种设置的竖盘结构如图 3-19 所示：

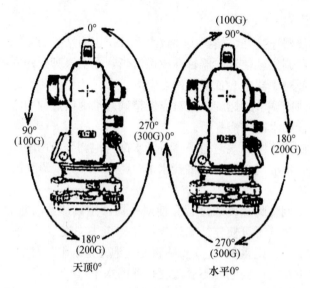

图 3-19　竖直角零方向设置

模块六　角度测量的误差

角度测量的精度受各方面的影响，误差主要来源于三个方面：仪器误差、观测误差及外界环境产生的误差。

一、仪器误差

仪器本身制造不精密，结构不完善及检校后的残余误差，包括：

（1）照准部的旋转中心与水平度盘中心不重合而产生的度盘偏心差。

（2）视准轴不垂直于横轴的误差。

（3）横轴不垂直于竖轴的误差。

此三项误差都可以采用盘左、盘右两个位置取平均数来消除。

（4）度盘刻划不均匀的误差：可以采用多测回变换度盘位置的方法来进行减弱。

（5）竖轴倾斜误差：此项误差对水平角观测的影响不能采用盘左、盘右取平均数来减弱，观测目标越高，影响越大，因此在山地测量时更应严格整平仪器。

（6）竖直角测量中的竖盘指标差：可以采用盘左、盘右两个位置取平均数来消除。

二、观测误差

1. 对中误差

安置经纬仪没有严格对中，使仪器中心与测站中心不在同一铅垂线上引起的角度误差，称对中误差。仪器中心 O 在安置仪器时偏离测站点中心，对中误差与距离、角度大小有关,当观测方向与偏心方向越接近 $90°$,距离越短,偏心距 e 越大,对水平角的影响越大。为了减少此项误差的影响,在测角时,应提高对中精度。

2.目标偏心误差

在测量时,照准目标时往往不是直接瞄准地面点上标志点的本身,而是瞄准标志点上的目标,要求照准点的目标应严格位于点的铅垂线上,若安置目标偏离地面点中心或目标倾斜,照准目标的部位偏离照准点中心的大小称为目标偏心误差。目标偏心误差对观测方向的影响与偏心距和边长有关,偏心距越大,边长越短影响也就越大。因此照准花杆目标时,应尽可能照准花杆底部。

3.照准误差和读数误差

照准误差与望远镜放大率、人眼分辨率、目标形状、光亮程度、对光时是否消除视差等因素有关。测量时选择观测目标要清晰,仔细操作消除视差。读数误差与读数设备、照明及观测者判断准确性有关。读数时,要仔细调节读数显微镜,调节读数窗的光亮适中。掌握估读小数的方法。

三、外界环境

外界条件影响因素很多,也很复杂,如温度、风力、大气折光等因素均会对角度观测产生影响,为了减少误差的影响,应选择有利的观测时间,避开不利因素。如:在晴天观测时应撑伞遮阳,防止仪器暴晒,中午最好不要观测。

习题:

1. 何为水平角?取值范围是多少?用经纬仪照准同一竖直面内不同高度的两目标时,其水平度盘的读数是否相同?

2. 何谓竖直角?取值范围是多少?照准某一目标时,若经纬仪高度不同时,则该点的竖直角是否一样?

3. DJ_6 型经纬仪由哪几部分组成?

4. 经纬仪安置包括哪两个内容?怎样进行?目的何在?

5. 采用盘左与盘右观测水平角和竖直角时,能消除哪些仪器误差?

6. 测回法多测回观测水平角时,如何配置度盘起始位置?

7. 如表 3-5 列出的水平角观测成果,计算其角度值。

表 3-5　测回法观测水平角观测手簿

测站	盘位	目标	水平度盘读数 ° ′ ″	半测回角值 ° ′ ″	一测回角值 ° ′ ″	备注
O	盘左	A	$0°01′06″$			
		B	$190°15′54″$			
	盘右	A	$180°1′00″$			
		B	$10°16′12″$			

8. 如表 3-6 列出的竖直角观测成果,计算其角度值。

表 3-6　测回法观测竖直角观测手簿

测站	目标	盘位	竖盘读数 。′″	半测回角值 。′″	指标差 。′″	一测回角值 。′″	备注
A	B	左	54°25′32″				竖直度盘是 顺时针注记的
		右	305°34′16″				
	C	左	122°09′39″				
		右	237°50′45″				

实训操作：

1. 测量实训楼 F 座的高度。

2. 测量实训楼 F 座四周四个控制点组成的四边形的内角和。

项目四　距离测量

学习目标：

知识目标：了解距离测量的常用工具和测量方法；掌握平地、坡地上"钢尺量距"的一般方法；理解视距计算公式及其应用。

技能目标：能够直线定线；能够正确使用钢尺并熟练进行距离丈量；能够熟练地进行视距测量。

素质目标：培养理论联系实际、认真思考的习惯；培养分析归纳知识点的能力。

学时建议： 4 学时

任务导入： 距离是我们日常生活中最常用的概念，但工程测量中的距离是什么意思呢？我们在校园生活中最常呆的宿舍、教室、餐厅之间的距离是多少呢？

模块一　钢尺量距

距离是确定地面点位置的基本要素之一。测量上所指的距离是指两点间的水平距离（简称平距），如图 4-1 中，地面点 A、B 之间的水平距离是指 $A'B'$ 的长度。若测得的是倾斜距离（简称斜距），还须将其改算为平距。

水平距离测量的方法很多，按所用测距工具的不同，测量距离的方法有一般有钢尺量距、视距测量、光电测距等。

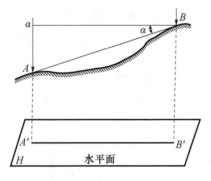

图 4-1　两点间的水平距离

钢尺量距就是利用具有标准长度的钢尺直接量测两点间的距离。按丈量方法的不同分为一般量距和精密量距。一般量距读数至毫米，精度可达 1/3000 左右；精密量距读数至亚毫米，精度可达 1/3 万（钢卷带尺）和 1/100 万（因瓦线尺）。

一、量距工具

钢尺分为普通钢卷带尺和因瓦线尺两种。普通钢卷带尺，尺宽 10～15mm，长度有 20m、30m 和 50m 数种，卷放在圆形盒或金属架上，钢尺的分划有几种，有以厘米为基本分划的，适用于一般量距；有的则在尺端第一分米内刻有毫米分划；也有将整尺都刻出毫米分划的；后两种适用于精密量距。较精密的钢尺，制造时有规定的温度及拉力，如在尺端刻有"30m、20℃、100N"字样，就表示在检定该钢尺时的温度为20摄氏度、拉力为100牛顿，30m为钢尺刻线的最大注记值，通常称之为名义长度。因瓦线尺是用镍铁合金制成的，尺线直径1.5mm，长度为24m，尺身无分划和注记，在尺两端各连一个三棱形的分划尺，长8cm，其上最小分划为1mm。因瓦线尺全套由4根主尺、1根8m（或4m）长的辅尺组成。不用时卷放在尺箱内。

钢尺量距的辅助工具有测钎、花杆、垂球、弹簧秤和温度计等。普通钢卷带尺见图4-2。

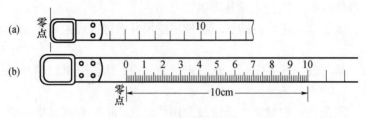

图4-2 普通钢卷带尺

二、直线定线

水平距离测量时，当地面上两点间的距离超过一整尺长时，或地势起伏较大，一尺段无法完成丈量工作时，需要在两点的连线上标定出若干个点，这项工作称为直线定线。按精度要求的不同，直线定线有目估定线和经纬仪定线两种方法。

如图4-3所示，A、B两点为地面上互相通视的两点，欲在A、B两点间的直线上定出C、D等分段点。

（1）定线工作可由甲、乙两人进行，先在A、B两点上竖立测杆，甲立于A点测杆后面约1～2m处，用眼睛自A点测杆后面瞄准B点测杆。

（2）乙持另一测杆沿BA方向走到离B点大约一尺段长的C点附近，按照甲指挥手势左右移动测杆，直到测杆位于AB直线上为止，插下测杆（或测钎），定出C点，在地面上做出标记。

（3）乙持测杆走到D点附近，同法在AB直线上竖立测杆（或测钎），定出D点，依此类推。这种从直线远端B走向近端A的定线方法，称为走近定线，直线定线一般应采用走近定线。

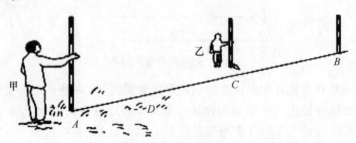

图4-3 目估定线

三、钢尺量距的一般方法

1. 平坦地面上的量距方法

此方法为量距的基本方法。丈量前，先将待测距离的两个端点用木桩（桩顶钉一小钉）标识出来，清除直线上的障碍物后，一般由两人在两点间边定线边丈量，具体作法如下：

（1）如图 4-4 所示，量距时，先在 A、B 两点上竖立测杆（或测钎），标定直线方向，后尺手持钢尺的零端位于 A 点，前尺手持钢尺的末端并携带一束测钎，沿 AB 方向前进，至一尺段长处停下，两人都蹲下。

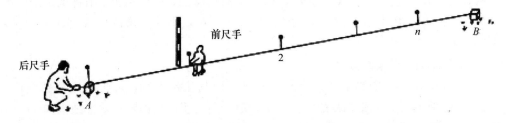

图 4-4　平坦地面上的量距方法

（2）后尺手以手势指挥前尺手将钢尺拉在 AB 直线方向上，后尺手以尺的零点对准 A 点，两人同时将钢尺拉紧、拉平、拉稳后，前尺手喊"预备"，后尺手将钢尺零点准确对准 A 点，并喊"好"，前尺手随即将测钎对准钢尺末端刻划竖直插入地面（在坚硬地面处，可用铅笔在地面划线作标记），得 1 点。这样便完成了第一尺段 A_1 的丈量工作。

（3）接着后尺手与前尺手共同举尺前进，后尺手走到 1 点时，即喊"停"，同法丈量第二尺段，然后尺手拔起 1 点上的测钎带在身上。如此继续丈量下去，直至最后量出不足一整尺的余长 q。则 A、B 两点间的水平距离为：

$$D_{AB} = nl + q \tag{4-1}$$

式中　n——整尺段数（即在 A、B 两点之间后尺手所拔测钎数）；

　　　l——钢尺长度（m）；

　　　q——不足一整尺的余长（m）。

为了防止丈量错误和提高精度，一般还应由 B 点至 A 点进行返测，返测时应重新进行定线。取往、返测距离的平均值作为直线 AB 最终的水平距离。

$$D_{av} = \frac{1}{2}(D_f + D_b) \tag{4-2}$$

式中　D_{av}——往、返测距离的平均值（m）；

　　　D_f——往测的距离（m）；

　　　D_b——返测的距离（m）。

量距精度通常用相对误差 K 来衡量，相对误差 K 化为分子为 1 的分数形式。即

$$K = \frac{|D_f - D_b|}{D_{av}} = \frac{1}{D_{av}/|D_f - D_b|} \tag{4-3}$$

例 4-1 用 30m 长的钢尺往返丈量 A、B 两点间的水平距离，丈量结果分别为：往测 4 个整尺段，余长为 9.98m；返测 4 个整尺段，余长为 10.02m。计算 A、B 两点间的水平距离 D_{AB} 及其相对误差 K。

解：

$D_{AB} = nl + q = 4 \times 30 + 9.98 = 129.98m$

$$D_{BA}=nl+q=4\times30+10.98=130.02\text{m}$$

$$D_{av}=\frac{1}{2}(D_f+D_b)=\frac{1}{2}(129.98+130.02)=130.00\text{m}$$

$$K=\frac{|D_f-D_b|}{D_{av}}=\frac{|139.98-130.02|}{130.00}=\frac{0.04}{130.00}=\frac{1}{3250}$$

相对误差分母愈大，则 K 值愈小，精度愈高；反之，精度愈低。在平坦地区，钢尺量距一般方法的相对误差一般不应大于 1/3000；在量距较困难的地区，其相对误差也不应大于 1/1000。

2. 倾斜地面上的量距方法

(1) 平量法：在倾斜地面上量距时，如果地面起伏不大时，可将钢尺拉平进行丈量。如图 4-5 所示，欲丈量 AB 的距离，丈量时，后尺手以尺的零点对准地面 A 点，并指挥前尺手将钢尺拉在 AB 直线方向上，同时前尺手抬高尺子的一端，并目使尺水平，将锤球绳紧靠钢尺上某一分划，用锤球尖投影于地面上，再插以测钎，得 1 点。此时钢尺上分划读数即为 A、1 两点间的水平距离。同法继续丈量其余各尺段。当丈量至 B 点时，应注意锤球尖必须对准 B 点。各测段丈量结果的总和就是 A、B 两点间的往测水平距离。为了方便起见，返测也应由高向低丈量。若精度符合要求，则取往返测的平均值作为最后结果。

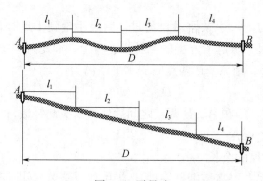

图 4-5　平量法

(2) 斜量法：当倾斜地面的坡度比较均匀时，如图 4-6 所示，可以沿倾斜地面丈量出 A、B 两点间的斜距 L，用经纬仪测出直线 AB 的倾斜角 α，或测量出 A、B 两点的高差 h_{AB}，然后计算 AB 的水平距离 D_{AB}，即

$$D_{AB}=L_{AB}\times\cos\alpha \tag{4-4}$$

$$\text{或 } D_{AB}=\sqrt{L^2-h^2} \tag{4-5}$$

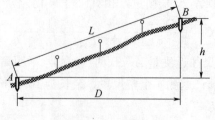

图 4-6　斜量法

四、钢尺量距的精密方法

前面介绍的钢尺量距的一般方法，精度不高，相对误差一般只能达到 1/2000～1/5000。但在实际测量工作中，有时量距精度要求很高，如量距精度要求在 1/10000 以上，这时应采用钢尺量距的精密方法。

五、钢尺量距的误差及注意事项

1. 尺长误差

钢尺的名义长度和实际长度不符，产生尺长误差。尺长误差是累积性的，它与所量距离呈正比。

2. 定线误差

丈量时钢尺偏离定线方向，将使测线成为一折线，导致丈量结果偏大，这种误差称为定线误差。

3. 拉力误差

钢尺有弹性，受拉会伸长。钢尺在丈量时所受拉力应与检定时拉力相同。如果拉力变化±2.6kg，尺长将改变±1mm。一般量距时，只要保持拉力均匀即可，精密量距时，必须使用弹簧秤。

4. 钢尺垂曲误差

钢尺悬空丈量时中间会下垂，称为垂曲，由此产生的误差为钢尺垂曲误差。垂曲误差会使量得的长度大于实际长度，故在钢尺检定时，亦可按悬空情况检定，得出相应的尺长方程式，在成果整理时，按此尺长方程式进行尺长改正。

5. 钢尺不水平的误差

用平量法丈量时，钢尺不水平，会使所量距离增大。对于 30m 的钢尺，如果目估尺子水平误差为 0.5m（倾角约 1°），由此产生的量距误差为 4mm。因此用平量法丈量时应尽可能使钢尺水平。

精密量距时，测出尺段两端点的高差，进行倾斜改正，可消除钢尺不水平的影响。

6. 丈量误差

钢尺端点对不准、测钎插不准、尺子读数不准等引起的误差都属于丈量误差。这种误差对丈量结果的影响可正可负，大小不定。在量距时应尽量认真操作，以减小丈量误差。

模块二　视距测量

视距测量是利用测量仪器望远镜中的视距丝并配合视距尺，根据几何光学及三角学原理，同时测定两点间的高差和水平距离的一种方法。此法操作简单，速度快，不受地形起伏的限制，但测距精度较低，一般只有 1/200，故常用于地形测图。视距尺一般可选用普通尺。

一、视距测量原理

1. 视线水平时的视距测量公式

欲测定 A、B 两点间的水平距离，如图 4-7 所示，在 A 点安置水准仪或经纬仪，在

B 点竖立视距尺，当望远镜视线水平时，视准轴与尺子垂直，经对光后，通过上、下两条视距丝 m、n 就可读得尺上 M、N 两点处的读数，两读数的差值 l 称为视距间隔或视距。f 为物镜焦距，p 为视距丝间隔，δ 为物镜至仪器中心的距离，由图可知，A、B 点之间的平距为：$D=d+f+\delta$。

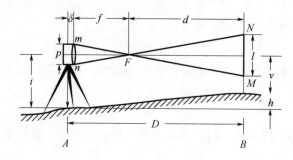

图 4-7　水平视距测量

其中 d 由两相似三角形 MNF 和 mnF 求得：

$$\frac{d}{f} = \frac{l}{p}$$

$$d = \frac{f}{p}l$$

因此：

$$D = \frac{f}{p}l + (f+\delta)$$

令 $\dfrac{d}{f} = K$，称为视距乘常数，令 $f+\delta=c$，称为视距加常数，则

$$D=Kl+c \tag{4-6}$$

在设计望远镜时，适当选择有关参数后，可使 $K=100$，$c=0$。于是，视线水平时的视距公式为：

$$D = 100l \tag{4-7}$$

两点间的高差为：

$$h = i-v \tag{4-8}$$

式中 i 为仪器高，v 为望远镜的中丝在尺上的读数。

2. 视线倾斜时的视距测量公式

当地面起伏较大时，必须将望远镜倾斜才能照准视距尺，一般使用经纬仪，如图 4-8 所示，此时的视准轴不再垂直于尺子，前面推导的公式就不适用了。若想引用前面的公式，测量时则必须将尺子置于垂直于视准轴的位置，但那是不太可能的。因此，在推导倾斜视线的视距公式时，必须加上两项改正：（1）视距尺不垂直于视准轴的改正；（2）倾斜视线（距离）化为水平距离的改正。

在图 4-8 中，设视准轴倾斜角为 δ，由于角很小，略为 $17'$，故可将 $\angle NN'E$ 和 $\angle MM'E$ 近似看成直角，则 $\angle NEN'=\angle MEM'=\delta$，于是

$$l' = M'N' = M'E + EN' = ME\cos\delta + EN\cos\delta$$
$$= (ME + EN)\cos\delta = l\cos\delta$$

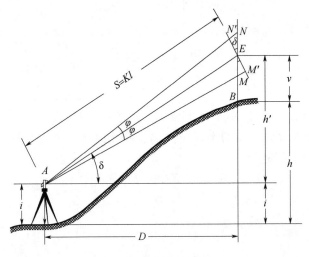

图 4-8　倾斜视距测量

根据式（4-7）得倾斜距离

$$S = Kl' = Kl\cos\delta$$

化算为平距为

$$D = S\cos\delta = Kl\cos^2\delta \tag{4-9}$$

A、B 两点间的高差为

$$h = h' + i - v$$

式中

$$h' = S\sin\delta = Kl\cos\delta \cdot \sin\delta = \frac{1}{2}Kl\sin2\delta$$

称为初算高差。故视线倾斜时的高差公式为

$$h = \frac{1}{2}Kl\sin2\delta + i - v \tag{4-10}$$

二、视距测量方法

（1）安置仪器于测站点上，对中、整平后，量取仪器高 i 至厘米。

（2）在待测点上竖立视距尺。

（3）转动仪器照准部照准视距尺，在望远镜中分别用上、下、中丝读得读数 M、N、V；再使竖盘指标水准管气泡居中，再读取竖盘读数。

（4）根据读数 M、N 算得视距间隔 l；根据竖盘读数算得竖角 δ；利用视距公式（4-14）和式（4-15）计算平距 D 和高差 h。

习题：

1. 直线定线的目的是什么？有哪些方法？如何进行？

2. 简述用钢尺在平坦地面量距的步骤。

3. 钢尺量距会产生哪些误差？

4. 如何衡量距离测量精度？现测量了两段距离 AB 和 CD，AB 往测 254.26m，返测 254.31m；CD 往测 385.27m，返测 385.34m，这两段距离的测量精度是否相同？哪段精度高?

5. 在视距测量中，上丝读数 1.845m，下丝读数 0.960m，仪器到水准尺的水平距离是多少?

实训操作：

1. 使用钢尺测量方式测量两个控制点 A、B 之间的距离。

2. 使用视距测量方式测量两个控制点 A、B 之间的距离，并与题 1 的结果进行比较，说明出现差异的原因。

第二篇 通用测量技术

项目五 全站仪和 GPS 的使用

学习目标:

知识目标:了解全站仪的分类、等级、主要技术指标;掌握测角、测边、测三维坐标和三维坐标放样的原理;了解 GPS 的坐标系统和基本定位原理。

技能目标:掌握全站仪的基本操作,测角、测边、测三维坐标和三维坐标放样的操作方法;掌握 GPS 的操作方法。

素质目标:锻炼分析问题、解决问题和制订计划、组织协调的工作能力;养成综合运用专业知识和技能从事较复杂测量工作任务的能力;养成主动学习新知识和技能的习惯。

学时建议: 6 学时

任务导入: 前面几个项目涉及的测量仪器在使用时不但要求使用人员会操作,还要进行大量复杂的运算,有没有一种仪器能简化我们的劳动,代替我们的运算呢?答案是有的,这个项目中学习的仪器就是这样,全站仪只需要我们把仪器安置好并瞄准目标就自动出结果,GPS 更简单,只要我们把仪器安放在目标上,就会出结果。下面就让我们来看看这些神奇的仪器。

模块一 全站仪的使用

一、全站仪的功能介绍

随着科学技术的不断发展,由光电测距仪、电子经纬仪、微处理仪及数据记录装置融为一体的电子速测仪(简称全站仪)正日臻成熟,逐步普及。这标志着测绘仪器的研究水平、制造技术、科技含量、适用性程度等,都达到了一个新的阶段。

全站仪是指能自动地测量角度和距离,并能按一定程序和格式将测量数据传送给相应的数据采集器的仪器。全站仪自动化程度高,功能多,精度好,通过配置适当的接口,可使野外采集的测量数据直接进入计算机进行数据处理或进入自动化绘图系统。与传统的方法相比,省去了大量的中间人工操作环节,使劳动效率和经济效益明显提高,同时也避免了人工操作、记录等过程中差错率较高的缺陷。

生产全站仪的厂家很多,主要的厂家有:瑞士徕卡公司生产的 TC 系列全站仪;日本 TOPCN(拓普康)公司生产的 GTS 系列;索佳公司生产的 SET 系列;宾得公司生产的 PCS 系列;尼康公司生产的 DMT 系列及瑞典捷创力公司生产的 GDM 系列全站仪。我国主要的生产厂家有：南方测绘科技股份有限公司生产的 NTS 系列全站仪，科力达仪器有限公司生产的 KTS 系列全站仪。

二、全站仪的工作特点

（1）能同时测角、测距并自动记录测量数据。

（2）设有各种野外应用程序，能在测量现场得到测算结果。

（3）能实现数据流。

三、全站仪的使用方法

1. 角度测量

（1）功能：可进行水平角、竖直角的测量。

（2）方法：与经纬仪相同，若要测出水平角∠AOB，则：

①当精度要求不高时：

瞄准 A 点——置零——瞄准 B 点，记下水平度盘 HR 的大小。

②当精度要求高时，可用测回法：

操作步骤同用经纬仪操作一样，只是配置度盘时，按"置盘"按钮。

2. 距离测量

（1）功能：可测量平距 HD、高差 VD 和斜距 SD（全站仪至棱镜间高差及斜距）。

（2）方法：照准棱镜点，按"测量"（MEAS）按钮。

3. 坐标测量

（1）功能：可测量目标点的三维坐标（X，Y，H）。

（2）测量原理：在一片区域内进行坐标测量时，需要知道至少两个控制点的坐标，其中一个控制点叫测站点，用于安置全站仪，另一个控制点叫后视点，瞄准后视点后，输入后视点的坐标，以便确定区域的方向。一般在实际工作中，还要知道第三点的坐标，这一点叫检核点，用全站仪瞄准检核点并测出坐标后，与该点已知坐标值进行对比，可以检查全站仪的安置是否准确。全站仪正确安置之后，瞄准目标点按"测量"按钮即可测出目标点坐标。

（3）方法：

输入测站点 S 的坐标（X_S，Y_S，H_S）、仪器高 i——瞄准后视点 B，输入测站点 S 的坐标（X_B，Y_B，H_B）、棱镜高 v——瞄准目标棱镜点 T，按"测量"按钮，即可显示点 T 的三维坐标。

4. 点位放样

（1）功能：根据设计的待放样点 P 的坐标，在实地标出 P 点的平面位置。

（2）放样原理，见图 5-1。

①在大致位置立棱镜，测出当前位置的坐标。

②将当前坐标与待放样点的坐标相比较，得距离差值 d_D 和角度差 d_{HR} 或纵向差值 ΔX 和横向差值 ΔY。

③根据显示的 d_D、d_{HR} 或 ΔX、ΔY，逐渐找到放样点的位置。

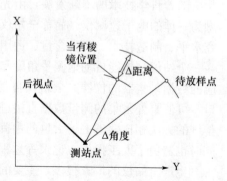

图 5-1　点位放样原理图

四、科力达 KTS 系列全站仪使用方法

1. 仪器面板外观和功能说明

面板上按键功能如下：

↗——进入坐标测量模式键。

◢——进入距离测量模式键。

ANG——进入角度测量模式键。

MENU——进入主菜单测量模式键。

ESC——用于中断正在进行的操作，退回到上一级菜单。

POWER——电源开关键。

◄——►——光标左右移动键。

↑ ↓——光标上下移动、翻屏键。

F1、F2、F3、F4——软功能键，其功能分别对应显示屏上相应位置显示的命令。

显示屏上显示符号的含义：

- V——竖盘读数；

  HR——水平读盘读数（右向计数）；

  HL——水平读盘读数（左向计数）；

- HD——水平距离；

  VD——仪器望远镜至棱镜间高差；

  SD——斜距；

  *——正在测距；

- N——北坐标，x；

  E——东坐标，y；

  Z——天顶方向坐标，高程 H。

2. 全站仪几种测量模式介绍

（1）角度测量模式

功能：按 ANG 键，进入测角模式（开机后默认的模式），其水平角、竖直角的测量方法与经纬仪操作方法基本相同。照准目标后，记录下仪器显示的水平度盘读数 HR 和竖直度盘读数 V。

第 1 页	F1　OSET：设置水平读数为：0°00′00″。
	F2　HOLD：锁定水平读数。
	F3　HSET：设置任意大小的水平读数。
	F4　P1↓：进入第 2 页
第 2 页	F1　TILT：设置倾斜改正开关。
	F2　REP：复测法。
	F3　V%：竖直角用百分数显示。
	F4　P2↓：进入第 3 页
第 3 页	F1　H-BZ：仪器每转动水平角 90°时，是否要蜂鸣声。
	F2　R/L：右向水平读数 HR/左向水平读数 HL 切换，一般用 HR。
	F3　CMPS：天顶距 V/竖直角 CMPS 的切换，一般取 V。
	F4　P3↓：进入第 1 页

（2）距离测量模式

功能：先按▲键，进入测距模式，瞄准棱镜后，按 F1（MEAS），记录下仪器测站点至棱镜点间的平距 HD、镜头与镜头间的斜距 SD 和镜头与镜头间的高差 VD。

第1页	F1　MEAS：进行测量。 F2　MODE：设置测量模式，Fine/coarse/tracking（精测/粗测/跟踪）。 F3　S/A：设置棱镜常数改正值（PSM）、大气改正值（PPM）。 F4　P1↓：进入第2页
第2页	F1　OFSET：偏心测量方式。 F2　SO：距离放样测量方式。 F3　m/f/i：距离单位米/英尺/英寸的切换。 F4　P2↓：进入第1页

（3）坐标测量（图 5-2）：

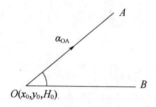

图 5-2　坐标测量示意图

①按 ANG 键，进入测角模式，瞄准后视点 A。

②按 HSET，输入测站 O 至后视点 A 的坐标方位角 α_{OA}。

如：输入 65.4839，即输入 $65°48'39''$。

③按↘键，进入坐标测量模式。按 P↓，进入第2页。

④按 OCC，分别在 N、E、Z 输入测站坐标（X_0，Y_0，H_0）。

⑤按 P↓，进入第2页，在 INS. HT 栏，输入仪器高。

⑥按 P↓，进入第2页，在 R. HT 栏，输入 B 点处的棱镜高。

⑦瞄准待测量点 B，按 MEAS，得 B 点的（X_B，Y_B，H_B）。

第1页	F1　MEAS：进行测量。 F2　MODE：设置测量模式，Fine/Coarse/Tracking。 F3　S/A：设置棱镜改正值（PSM），大气改正值（PPM）常数。 F4　P1↓：进入第2页
第2页	F1　R. HT：输入棱镜高。 F2　INS. HT：输入仪器高。 F3　OCC：输入测站坐标。 F4　P2↓：进入第3页
第3页	F1　OFSET：偏心测量方式。 F2　—— F3　m/f/i：距离单位米/英尺/英寸切换。 F4　P3↓：进入第1页

（4）主菜单模式

功能：按 MENU 进入，可进行数据采集、坐标放样、程序执行、内存管理（数据文件编辑、传输及查询）、参数设置等。

3. 坐标放样

（1）按 MENU，进入主菜单测量模式。

（2）按 LAYOUT，进入放样程序，再按 SKP，略过使用文件。

（3）按 OOC. PT（F1），再按 NEZ，输入测站 O 点的坐标（X_0，Y_0，H_0）；并在 INS. HT 一栏，输入仪器高。

（4）按 BACKSIGHT（F2），再按 NE/AZ，输入后视点 A 的坐标（x_A，y_A）；若不知 A 点坐标而已知坐标方位角 α_{OA}，则可再按 AZ，在 HR 项输入 α_{OA} 的值。瞄准 A 点，按 YES。

（5）按 LAYOUT（F3），再按 NEZ，输入待放样点 B 的坐标（x_B，y_B，H_B）及测杆单棱镜的镜高后，按 ANGLE（F1）。使用水平制动和水平微动螺旋，使显示的 $d_{HR}=0°00'00''$，即找到了 OB 方向，指挥持测杆单棱镜者移动位置，使棱镜位于 OB 方向上。

（6）按 DIST，进行测量，根据显示的 d_{HD} 来指挥持棱镜者沿 OB 方向移动，若 d_{HD} 为正，则向 O 点方向移动；反之若 d_{HD} 为负，则向远处移动，直至 $d_{HD}=0$ 时，立棱镜点即为 B 点的平面位置。

（7）其所显示的 d_Z 值即为立棱镜点处的填挖高度，正为挖，负为填。

（8）按 NEXT——反复 5、6 两步，放样下一个点 C。

五、全站仪保管的注意事项

（1）仪器的保管由专人负责，每天现场使用完毕带回办公室；不得放在现场工具箱内。

（2）仪器箱内应保持干燥，要防潮防水并及时更换干燥剂。仪器须放置专门架上或固定位置。

（3）仪器长期不用时，应一月左右定期通风防霉并通电驱潮，以保持仪器良好的工作状态。

（4）仪器放置要整齐，不得倒置。

六、全站仪使用时应注意事项

（1）开工前应检查仪器箱背带及提手是否牢固。

（2）开箱后提取仪器前，要看准仪器在箱内放置的方式和位置，装卸仪器时，必须握住提手，将仪器从仪器箱取出或装入仪器箱时，要握住仪器提手和底座，不可握住显示单元的下部。切不可拿仪器的镜筒，否则会影响内部固定部件，从而降低仪器的精度。应握住仪器的基座部分，或双手握住望远镜支架的下部。仪器用毕，先盖上物镜罩，并擦去表面的灰尘。装箱时各部位要放置妥帖，合上箱盖时应无障碍。

（3）在太阳光照射下观测仪器，应给仪器打伞，并带上遮阳罩，以免影响观测精度。在杂乱环境下测量，仪器要有专人守护。当仪器架设在光滑的表面时，要用细绳（或细铅丝）将三脚架三个脚连起来，以防滑倒。

（4）当仪器架设在三脚架上时，尽可能用木制三脚架，因为使用金属三脚架可能会产生振动，从而影响测量精度。

（5）当测站之间距离较远时，搬站时应将仪器卸下，装箱后背着走。行走前要检查仪器箱是否锁好，检查安全带是否系好。当测站之间距离较近，搬站时可将仪器连同三脚架一起靠在肩上，但仪器要尽量保持放置直立。

（6）搬站之前，应检查仪器与脚架的连接是否牢固，搬运时，应把制动螺旋略微关住，使仪器在搬站过程中不致晃动。

（7）仪器任何部分发生故障，不勉强使用，应立即检修，否则会加剧仪器的损坏程度。

（8）元件应保持清洁，如沾染灰砂必须用毛刷或柔软的擦镜纸擦掉。禁止用手指抚摸仪器的任何光学元件表面。清洁仪器透镜表面时，请先用干净的毛刷扫去灰尘，再用干净的棉布蘸酒精由透镜中心向外一圈圈地轻轻擦拭。除去仪器箱上的灰尘时切不可用任何稀释剂或汽油，而应用干净的布块蘸中性洗涤剂擦洗。

（9）湿环境中工作，作业结束，要用软布擦干仪器表面的水分及灰尘后装箱。回到办公室后立即开箱取出仪器放于干燥处，彻底凉干后再装箱内。

（10）冬天室内、室外温差较大时，仪器搬出室外或搬入室内，应隔一段时间后才能开箱。

七、电池的使用

全站仪的电池是全站仪最重要的部件之一，现在全站仪所配备的电池一般为 Ni-MH（镍氢电池）和 Ni-Cd（镍镉电池），电池的好坏、电量的多少决定了外业时间的长短。

（1）建议在电源打开期间不要将电池取出，因为此时存储数据可能会丢失，因此在电源关闭后再装入或取出电池。

（2）可充电池可以反复充电使用，但是如果在电池还存有剩余电量的状态下充电，则会缩短电池的工作时间，此时，电池的电压可通过刷新予以复原，从而延长作业时间，充足电的电池放电时间约 8 小时。

（3）不要连续进行充电或放电，否则会损坏电池和充电器，如有必要进行充电或放电，则应在停止充电约 30 分钟后再使用充电器。不要在电池刚充电后就进行充电或放电，有时这样会造成电池损坏。

（4）充电超过规定的充电时间会缩短电池的使用寿命，应尽量避免电池剩余容量显示级别与当前的测量模式有关。在角度测量的模式下，电池剩余容量够用，但并不能够保证电池在距离测量模式下也能够用，因为距离测量模式耗电高于角度测量模式，当从角度模式转换为距离模式时，由于电池容量不足，不时会中止测距。

总之，只有在日常的工作中，注意全站仪的使用和维护，注意全站仪电池的充放电，才能延长全站仪的使用寿命，使全站仪的功效发挥到最大。

模块二　GPS 的使用

一、GPS 的定义及历史

1. 定义

全球定位系统 GPS（GlobalPositionSystem），是一种可以授时和测距的空间交会定点的导航系统，可向全球用户提供连续、实时、高精度的三维位置、三维速度和时间信息。

2. GPS 的产生与发展——由 TRANSIT 到 GPS

（1）1957 年 10 月第一颗人造地球卫星上天，天基电子导航应运而生。

（2）美国 1964 年建成子午卫星导航定位系统（TRANSIT）。

（3）美国从 1973 年开始筹建全球定位系统，1994 年全部建成，投入使用。

GPS 的研制最初用于军事目的。如为陆海空三军提供实时、全天候和全球性的导航服务，并用于情报收集、核爆监测、应急通讯和爆破定位等方面。随着 GPS 系统步入试验和实用阶段，其定位技术的高度自动化及所达到的高精度和巨大的潜力，引起了各国政府的关注，同时引起了广大测量工作者的极大兴趣。特别是近几年来，GPS 定位技术在应用基础的研究、新应用领域的开拓、软硬件的开发等方面都取得了迅速发展。

除了美国的 GPS 全球定位系统，中国的 BDS 北斗卫星导航系统、俄罗斯的 GLO-NASS 导航卫星系统、欧盟的 GALILEO 卫星导航系统等等也在迅速发展，以上各种卫星导航系统总称为全球导航卫星系统 GNSS。

二、GPS 系统的组成

（1）空间卫星部分。有 21 颗工作卫星和 3 颗备用卫星。

（2）地面控制部分。由 1 个主控站、5 个监控站和 3 个注入站组成。

（3）用户接收机部分。GPS 接收机的基本类型分导航型和大地型。大地型接收机又分单频型（L1）和双频型（L1，L2）。

三、GPS 定位方法分类

GPS 的定位方法，若按用户接收机天线在测量中所处的状态来分，可分为静态定位和动态定位；若按定位的结果来分，可分为绝对定位和相对定位。

静态定位，即在定位过程中，接收机天线（观测站）的位置相对于周围地面点而言，处于静止状态；而动态定位则正好相反，即在定位过程中，接收机天线处于运动状态，定位结果是连续变化的。

绝对定位亦称单点定位，是利用 GPS 独立确定用户接收机天线（观测站）在 WGS-84 坐标系中的绝对位置。相对定位则是在 WGS-84 坐标系中确定接收机天线（观测站）与某一地面参考点之间的相对位置，或两观测站之间相对位置的方法。

各定位方法还有不同的组合，如静态绝对定位、静态相对定位、动态绝对定位、动态相对定位等。目前工程、测绘领域，应用最广泛的是静态相对定位和动态相对定位。

按相对定位的数据解算是否具有实时性，又可将其分为后处理定位和实时动态定位（RTK），其中，后处理定位又可分为静态（相对）定位和动态（相对）定位。其示意图见图 5-3～图 5-6。

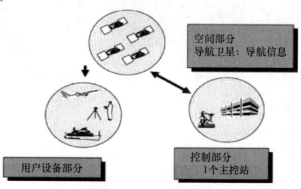

图 5-3　GPS 系统的组成

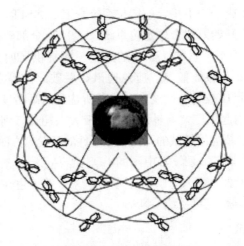

图 5-4　GPS 空间卫星部分

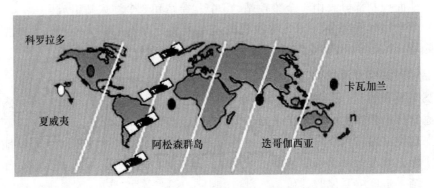

图 5-5　GPS 地面控制部分

图 5-6　导航型 GPS 接收机和大地型 GPS 接收机

四、GPS 定位原理

1. 绝对定位原理（图 5-7）

利用 GPS 进行绝对定位的基本原理为：以 GPS 卫星与用户接收机天线之间的几何距离观测量 ρ 为基础，并根据卫星的瞬时坐标（X_S，Y_S，Z_S），以确定用户接收机天线所对应的点位，即观测站的位置。

设接收机天线的相位中心坐标为 (X, Y, Z)，则有：

$$\rho = \sqrt{(X_S - X)^2 + (Y_S - Y)^2 + (Z_S - Z)^2}$$

卫星的瞬时坐标 (X_S, Y_S, Z_S) 可根据导航电文获得，所以式中只有 X、Y、Z 三个未知量，只要同时接收 3 颗 GPS 卫星，就能解出测站点坐标 (X, Y, Z)。可以看出，GPS 单点定位的实质就是空间距离的后方交会。

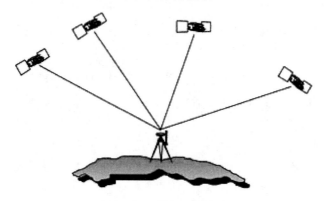

图 5-7 GPS 绝对定位图

2. 相对定位原理

GPS 相对定位，亦称差分 GPS 定位，是目前 GPS 定位中精度最高的一种定位方法。其基本定位原理为：如图 5-8 所示，用两台 GPS 用户接收机分别安置在基线的两端，并同步观测相同的 GPS 卫星，以确定基线端点（测站点）在 WGS-84 坐标系中的相对位置或称基线向量。

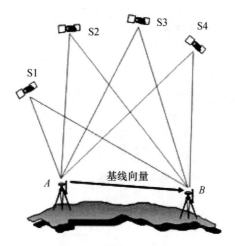

图 5-8 GPS 相对定位图

五、GPS 的后处理定位方法

目前在工程中，广泛应用的是相对定位模式。其后处理定位方法有：静态相对定位和动态相对定位。示意参见图 5-9。

1. 静态相对定位

（1）方法

将几台 GPS 接收机安置在基线端点上，保持固定不动，同步观测 4 颗以上卫星。

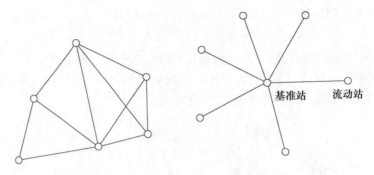

图 5-9　静态相对定位模式和动态相对定位模式

可观测数个时段，每时段观测十几分钟至 1 小时左右。最后将观测数据输入计算机，经软件解算得各点坐标。

（2）用途

是精度最高的作业模式。主要用于大地测量、控制测量、变形测量、工程测量。

（3）精度

可达到（5mm＋1ppm）

2. 动态相对定位

（1）方法

先建立一个基准站，并在其上安置接收机连续观测可见卫星，另一台接收机在第 1 点静止观测数分钟后，在其他点依次观测数秒。最后将观测数据输入计算机，经软件解算得各点坐标。动态相对定位的作业范围一般不能超过 15km。

（2）用途

适用于精度要求不高的碎部测量。

（3）精度

可达到（10～20mm＋1ppm）

六、GPS 实时动态定位（RTK）方法

1. RTK 工作原理（图 5-10～图 5-11）

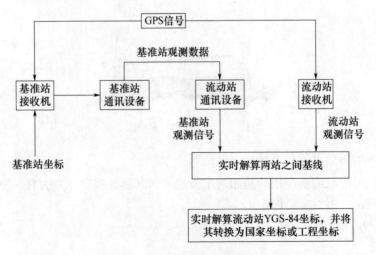

图 5-10　RTK 工作原理

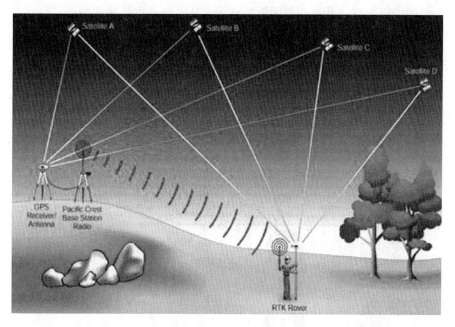

图 5-11　RTK 定位图

与动态相对定位方法相比，定位模式相同，仅要在基准站和流动站间增加一套数据链，实现各点坐标的实时计算、实时输出。

2.RTK 用途

适用于精度要求不高的施工放样及碎部测量，作业范围一般为 10km 左右，精度可达到（10～20mm＋1ppm）。

3. 科力达 K6 GNSS 系统和工程之星的使用方法

使用 RTK 方式进行测量的主要设备包括 GNSS 主机和手簿，如图 5-12、5-13 所示，还要有连接基准站的数据链账号、当地中央子午线、至少两个控制点本地坐标。具体操作步骤如下：

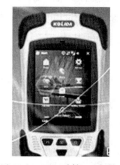

图 5-12　科力达 K6 GNSS 主机　　图 5-13　北极星 Polar X3 手簿（内装工程之星软件）

（1）将一张能上网的手机卡插入主机或手簿，打开主机和手簿电源，直到启动完成。

（2）在手簿上启动工程之星软件，如图 5-14 所示。

（3）对主机和手簿进行蓝牙配对，以使主机和手簿之间能够进行通讯，点击图 5-14

屏幕右上角的主机图标，开始扫描附近的蓝牙设备，查看主机底部的序列号，连接该设备，配对成功后出现图 5-15。

图 5-14　工程之星启动界面　　　　图 5-15　主机状态界面

（4）点击图 5-15 左下角的设置图标，出现图 5-16，对主机状态进行设置，设置的主要项目包括：

①工作模式项：设置为移动站。

②数据链项：设置为网络模式。

③网络配置项：有接收机移动网络和手机网络两个选项，如果所用手机卡插在主机中，则选接收机移动网络，如果手机卡插在手簿中，则选手机网络。

④数据链项：输入所连基准站的 IP 地址、端口号、账户名、密码、接入点等信息（注：以上信息需要提前购买或索要），点连接图标，登录成功后返回图 5-15 界面，其中的解算状态变成固定解时即达到可使用状态。

（5）在图 5-14 界面点击工程图标，出现图 5-17 所示界面，再点击工程管理图标，可进行原有工程管理和新建工程管理工作，点击新建工程图标，出现新建工程界面，如图 5-18 所示，分基本信息和坐标系统两个标签：

①基本信息：主要包括工程名称、作业人员等，其中工程名称一般用当天日期或工程名称命名，如果一天进行了多个工程，工程名称可以用"当天日期＋工程名称"表示，作业人员按实际填写；

②坐标系统：如图 5-19 所示，主要包括坐标系统名称、目标椭球、设置投影参数等，坐标系统名称自行定义，目标椭球一般选择 CGCS2000，投影参数选择高斯投影，中央子午线由建设方提供，各地不一样（东营一般用 $118°30'00''$），其他项目无需设置，设置完成后多次点击确定图标返回界面 5-14，新建工程完成。

（6）若要查看原有工程，可在图 5-17 所示界面中点击工程管理即可。

图 5-16　主机连接设置界面

图 5-17　工程管理界面

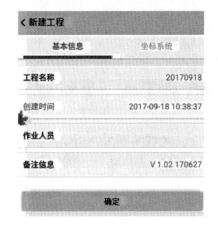

图 5-18　新建工程基本信息

图 5-19　新建坐标系统界面

（7）求转换参数，将 CGCS2000 坐标转换为当地施工坐标。

①在图 5-14 所示界面点击测量图标，出现图 5-20 所示界面，再点击碎部测量图标，出现图 5-21 所示界面，并显示施工区的地图。

②将主机安置在控制点上，点击图 5-21 右下角的采集图标，出现图 5-22 所示保存测量点界面，将点名修改为 kzd1，将杆高修改为所使用对中杆高度（一般采用 1.80m 或者 2.00m），点击确定图标。

③将主机移动到下一控制点，重复步骤②，直到所有控制点测量完毕。

④点击图 5-14 中的工程图标，再点击图 5-17 中的常用工具（坐标转换、参数计算等），使用其中的求转换参数功能，将所测控制点的大地坐标和施工用平面坐标添加到转换库中，其中所测控制点的大地坐标可从测量点库中直接获取，施工用平面坐标需要手工输入。

⑤将所有控制点坐标添加完成后点击确定图标，出现图 5-23 所示界面，再点击计算图标，在下方显示参数转换结果，点击应用图标，将转换结果应用到当前工程中。

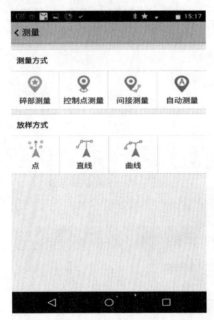

图 5-20　测量方式

图 5-21　碎部测量界面

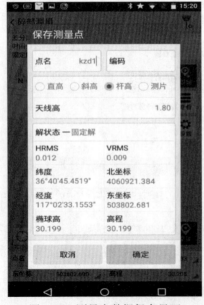

图 5-22　测量点数据保存界面

图 5-23　求转换参数

（8）点击图 5-14 中的测量图标，依次出现图 5-20、5-21 所示测量界面，将主机安置到待测点上，点击右下角的采集图标进行坐标采集，在图 5-22 所示界面中，点名要修改成与所测点属性一致的名称，点名后面的数字自动加 1，直到所有待测点完成为止。

（9）将测量数据导出到 CASS 软件中，编辑成图，提交最终成果。

①点击图 5-14 中的工程图标，出现图 5-17，再点击图 5-17 中的测量点库图标，出现图 5-24 所示测量点库，前期测量的所有点位均在此显示。

②点击图 5-24 中的导出图标，出现导出选项，如图 5-25 所示，文件名称自行定义，一般采用"原工程名＋后缀"组成，文件类型选"Cass 文件（东，北，高）（＊.dat）"，导出的文件存放在手簿的存储器中，存放位置是/storage/emulated/0/com ＿ southgnss ＿ egstar/Export 中。

③退出工程之星，用数据线连接电脑，将导出的文件复制到电脑中，再导入 CASS 成图软件进行编辑，形成最终成果。

图 5-24　测量点库

图 5-25　数据导出

习题：

1. 简述全站仪进行水平距离测量的操作步骤。

2. 简述全站仪进行坐标测量的操作步骤。

3. 试述 GPS 工作卫星的作用。

实训操作：

1. 使用全站仪测量四个控制点组成的四边形四个内角的水平角和四条边的距离。

2. 使用 GPS 测量校园内四个控制点的坐标。

项目六　高程控制测量

学习目标：

知识目标：了解高程控制测量的作用。

技能目标：掌握三、四等水准测量的方法和内业计算方法；了解一、二等水准测量省赛要求。

素质目标：养成严守规范的良好习惯；养成团结协作、诚实守信爱岗敬业、吃苦耐劳的职业品质。

学时建议：8 学时

任务导入：控制测量是施工测量的前奏，在施工测量之前，首先要在施工区域周围设置好控制点，并用控制测量的方式测定控制点的数据。

模块一　三、四等水准测量

三、四等水准网作为测区的首级控制网，一般应布设成闭合环线，然后用符合水准路线和结点网进行加密。只有在山区等特殊情况下，才允许布设支线水准。

水准路线一般尽可能沿铁路、公路以及其他坡度较小、施测方便的路线布设。尽可能避免穿越湖泊、沼泽和江河地段。水准点应选在土质坚实、地下水位低、易于观测的位置。凡易受淹没、潮湿、振动和沉陷的地方，均不宜作水准点位置。水准点选定后，应埋设水准标石和水准标志，并绘制点之记，以便日后查寻。

水准点的间距一般为 1~2km，对于工矿区，水准点的距离还可适当地减小。一个测区至少应埋设三个水准点。

一、精度要求和技术要求见表 6-1。

表 6-1　三、四等水准测量精度要求和技术要求

等级	水准仪型号	视线长度 m	前后视距较差 m	前后视距累积差 m	红黑面读数差 mm	红黑面高差之差 mm	平原区闭合差 mm	山岭区闭合差 mm
三等	DS1	100	3	6	1.0	1.5	$\pm 12\sqrt{L}$	$\pm 3.5\sqrt{n}$ 或 $\pm 15\sqrt{L}$
	DS3	75			2.0	3.0		
四等	DS3	100	5	10	3.0	5.0	$\pm 20\sqrt{L}$	$\pm 6.0\sqrt{n}$ 或 $\pm 25\sqrt{L}$

注：n 为测站数，L 为路线的点长度，以 km 为单位。

二、四等水准测量作业方法

1. 每站观测程序

(1) 顺序："后-后-前-前"（黑-红-黑-红）；一般一对尺子交替使用。

(2) 读数：黑面按"三丝法"（上、下、中丝）读数，红面仅读中丝。

2. 计算与记录格式

（1）视距＝100×｜上丝－下丝｜。

（2）前后视距差 d_i＝后视距－前视距。

（3）视距差累积值 $\sum d_i$＝前站的视距差累积值 $\sum d_{i-1}$＋本站的前后视距差 d_i。

（4）黑红面读数差＝黑面读数＋K－红面读数。（K＝4687mm 或 4787mm）。

（5）黑面高差 $h_黑$＝黑面后视中丝－黑面前视中丝。

（6）红面高差 $h_红$＝红面后视中丝－红面前视中丝。

（7）黑红面高差之差＝$h_黑$－（$h_红$±0.100m）　（当后尺为 4687mm 尺时，取 ＋0.100m，当后尺为 4787mm 尺时，取－0.100m，下同）。

（8）高差中数（平均高差）＝［$h_黑$＋（$h_红$±0.100m）］/2。

（9）水准路线总长 L＝$\sum$后视距＋$\sum$前视距。

测量记录见表 6-2。

表 6-2　四等水准测量记录表

测站编号	点号	后尺 上丝 下丝	前尺 上丝 下丝	方向及尺号	中丝读数（m）		K ＋黑 －红 （mm）	高差中数 （m）	备注
		后距	前距		黑面	红面			
		视距差 d（m）	$\sum d$（m）						
1	A ｜ A₁	1.625	1.601	后1	1.478	6.166	－1	0.017	
		1.330	1.322	前2	1.460	6.250	－3		
		29.5	27.9	后－前	0.018	－0.084	2		
		1.6	1.6						
2	A₁ ｜ B	1.589	1.740		1.475	6.262	0	－0.127	
		1.361	1.465		1.601	6.290	－2		
		22.8	27.5		－0.126	－0.028	2		
		－4.7	－3.1						
3	B ｜ B₁	1.700	1.565		1.590	6.274	3	0.134	K_1＝4.687 K_2＝4.787
		1.465	1.345		1.456	6.240	3		
		23.5	22.0		0.134	0.034	0		
		1.5	－1.6						
4	B₁ ｜ C	1.597	1.808		1.435	6.220	2	－0.214	
		1.271	1.489		1.650	6.332	5		
		32.6	31.9		－0.215	－0.112	－3		
		0.7	－0.9						
5	C ｜ C₁	1.529	1.579		1.393	6.081	－1	－0.051	
		1.258	1.310		1.445	6.231	1		
		27.1	26.9		－0.052	－0.150	－2		
		0.2	0.7						

测站编号	点号	后尺 上丝/下丝 后距 视距差 d (m)	前尺 上丝/下丝 前距 ∑d (m)	方向及尺号	中丝读数 (m) 黑面	红面	K +黑一红 (mm)	高差中数 (m)	备注
6	C_1 — D	1.500	1.300		1.373	6.158	2		
		1.245	1.031		1.166	5.854	−1	0.206	
		25.5	26.9		0.207	0.304	3		
		−1.4	−0.7						
7	D — D_1	1.695	1.610		1.555	6.245	−3		$K_1=4.687$
		1.419	1.331		1.470	6.255	2	0.088	
		27.6	27.9		0.085	−0.010	−5		$K_2=4.787$
		−0.3	−1.0						
8	D_1 — A	1.555	1.600		1.410	6.200	−3		
		1.268	1.315		1.455	6.141	1	−0.043	
		28.7	28.5		−0.045	0.059	−4		
		0.2	−0.8						

水准测量计算见表 6-3。

表 6-3 四等水准测量计算表

点名	距离 (m)	观测高差 (m)	改正数 (mm)	改正后高差 (m)	高程 (m)
A					已知点 6.325
	107.7	−0.110	−2	−0.112	
B					6.213
	110.0	−0.080	−3	−0.083	
C					6.130
	106.4	0.155	−2	0.153	
D					6.283
	112.7	0.045	−3	0.042	
A					6.325（检核）
∑	436.3	+0.010	−10	0	

辅助计算：$f_h = -10\text{mm}$ $f_{h允} = \pm20\sqrt{L} = \pm20\text{mm}$

三、注意事项

（1）三等水准测量必须进行往返观测。当使用 DS1 和因瓦标尺时，可采用单程双转点观测，观测程序按后-前-前-后，即黑-黑-红-红。

（2）四等水准测量除支线水准必须进行往返和单程双转点观测外，对于闭合水准和附合水准路线，均可单程观测。采用双面尺时，每个观测程序为后-后-前-前，即黑-红-黑-红。采用单面尺时，用后-前-前-后的读数程序时，在两次观测之间必须重新整置仪器，用变动仪高法进行测站检查。

（3）三、四等水准测量每一测段的往测和返测，测站数均应为偶数，否则应加入标尺点误差改正。由往测转向返测时，两根标尺必须互换位置，并应重新安置仪器。

（4）在每一测站上，三等水准测量不得两次对光。四等水准测量尽量少作两次对光。

（5）工作间歇时，最好能在水准点上结束观测。否则应选择两个坚固可靠、便于放置标尺的固定点作为间歇点，并作出标记。间歇后，应进行检查。如检查两点间歇点高差不符值三等水准小于 3mm，四等小于 5mm，则可继续观测。否则须从前一水准点起重新观测。

（6）在一个测站上，只有当各项检核符合限差要求时，才能迁站。如其中有一项超限，可以在本站立即重测，但须变更仪器高。如果仪器已迁站后才发现超限，则前一水准点或间歇点应重测。

（7）当每公里测站数小于 15 时，闭合差按平地限差公式计算；如超过 15 站，则按山地限差公式计算。

（8）当成像清晰、稳定时，三、四等水准的视线长度，可容许按规定长度放大 20%。

（9）水准网中，结点与结点之间或结点与高级点之间的附合水准路线长度，应为规定的 0.7 倍。

（10）当采用单面标尺进行三、四等水准观测时，变更仪器高前后所测两次高差之差的限制，与红黑面所测高差之差的限差相同。

模块二　一、二等水准测量赛事要求

一、二等水准测量基本要求

完成闭合水准路线的观测、记录、计算和成果整理，提交合格成果。如图 6-1 所示闭合水准路线，已知 A_{01} 点高程为 182.034m，测算 B_{04}、C_{01} 和 D_{03} 点的高程，测算要求按技术规范。

各参赛队现场抽签确定已知水准点位、待求点位，组成水准路线。上交的竞赛成果包括观测手簿、高程误差配赋表和高程点成果表。

1. 二等水准测量赛场情况

（1）水准线路为水泥硬化路面，线路长度约 1.2～1.6km。

（2）场地能设置多条闭合水准路线，能满足多个队同时比赛。

（3）每条闭合水准路线由 3 个待求点和 1 个已知点组成。

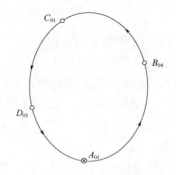

图 6-1　二等水准测量竞赛路线示意图

2. 二等水准测量仪器设备

（1）电子水准仪科力达电子水准仪 DL07，含木制脚架 1 个、3m 数码标尺 1 对、撑杆 2 个及尺垫 2 个。

（2）50m 测绳（各赛队根据自己情况可以自带）。

二、技术规范

水准路线为闭合路线，1 个已知点和 3 个待定点，分为 4 个测段。

1. 观测与计算要求

（1）观测使用赛项执委会规定的仪器设备，3m 标尺，测站视线长度、前后视距差及其累计、视线高度和数字水准仪重复测量次数等按表 6-4 规定。

表 6-4　二等水准测量技术要求

视线长度/m	前后视距差/m	前后视距累积差/m	视线高度/m	两次读数所得高差之差/mm	水准仪重复测量次数	测段、环线闭合差/mm
≥3 且≤50	≤1.5	≤6.0	≤2.80 且≥0.55	≤0.6	≥2 次	≤4$\sqrt{L}$

注：L 为路线的总长度，以 km 为单位。

（2）竞赛使用 3kg 尺垫，可以不使用撑杆，也可以自带撑杆。

（3）观测前 30 分钟，应将仪器置于露天阴影下，使仪器与外界温度一致，竞赛前须对数字水准仪进行预热测量，预热测量不少于 20 次。

（3）竞赛记录及计算均必须使用赛项执委会统一提供的《二等水准测量记录计算成果》本。记录及计算一律使用铅笔填写，记录完整。

记录的数字与文字力求清晰、整洁，不得潦草；按测量顺序记录，不空栏；不空页、不撕页；不得转抄成果；不得涂改、就字改字；不得连环涂改；不得用橡皮擦、刀片刮。

（4）水准路线采用单程观测，每测站读两次高差，奇数站观测水准尺的顺序为：后-前-前-后；偶数站观测水准尺的顺序为：前-后-后-前。

（5）同一标尺两次读数不设限差，但两次读数所测高差之差应满足表 6-4 规定。

（6）错误成果与文字应单横线正规划去，在其上方写上正确的数字与文字，并在备考栏注明原因："测错"或"记错"，计算错误不必注明原因。

（7）因测站观测误差超限，在本站检查发现后可立即重测，重测必须变换仪器高。

若迁站后才发现，应从上一个点（起、闭点或者待定点）起重测。

（8）错误成果应当正规划去，超限重测的应在备考栏注明"超限"。

（9）水准路线各测段的测站数必须为偶数。

（10）每测站的记录和计算全部完成后方可迁站。

（11）测量员、记录员、扶尺员必须轮换，每人观测 1 测段、记录 1 测段。

（12）现场完成高程误差配赋计算，不允许使用编程的计算器。

（13）竞赛结束，参赛队上交成果的同时，应将仪器脚架收好，计时结束。

（14）高程误差配赋计算，距离取位到 0.1m，高差及其改正数取位到 0.00001m，高程取位到 0.001m。计算格式见表 6-5。表中必须写出闭合差和闭合差允许值。计算表可以用橡皮擦，但必须保持整洁，字迹清晰。

表 6-5　高程误差配赋表

点名	距离 （m）	观测高差 （m）	改正数 （m）	改正后高差 （m）	高程 （m）
A_{01}					182.034
	435.1	0.12460	-0.00119	0.12341	
B_{04}					182.157
	450.3	-0.01150	-0.00123	-0.01273	
C_{01}					182.145
	409.6	0.02380	-0.00112	0.02268	
D_{03}					182.167
A_{01}	607.0	-0.13170	-0.00166	-0.13336	182.034
Σ	1902.0	$+0.00520$	-0.00520	0	

辅助计算：$W=+5.2$mm　$W_{允}=\pm5.5$mm

2. 上交成果

每个参赛队完成外业观测后，在现场完成高程误差配赋计算，并填写高程点成果表。上交成果为：《二等水准测量竞赛成果资料》，包括表 6-5、表 6-6、表 6-7。

表 6-6　二等水准测量手簿

测站 编号	后距	前距	方向及 尺号	标尺读数		两次读数 之差	备注
	视距差	累积 视距差		第一次读数	第二次读数		
			后				
			前				
			后-前				
			h				

测站编号	后距	前距	方向及尺号	标尺读数		两次读数之差	备注
	视距差	累积视距差		第一次读数	第二次读数		
			后				
			前				
			后-前				
			h				
			后				
			前				
			后-前				
			h				
			后				
			前				
			后-前				
			h				
			后				
			前				
			后-前				
			h				

表 6-7　高程误差配赋表

点号	距离 (m)	观测高差 (m)	改正数 (m)	改正后高差 (m)	高程 (m)

续表

点号	距离 （m）	观测高差 （m）	改正数 （m）	改正后高差 （m）	高程 （m）

表 6-8　水准点成果表

点号	等级	高程

习题：

1. 进行四等水准测量时，一测站的观测程序如何？怎样计算？

2. 一对双面尺的起始刻度是多少？

实训操作：

1. 针对实训楼周边道路上的四个水准点 A、B、C、D 进行四等水准测量，要求：组成闭合水准路线，已知水准点 A 为高程为 6.325m。

2. 针对实训楼周边道路上的四个水准点 A、B、C、D 进行二等水准测量，要求：组成闭合水准路线，已知水准点 A 为高程为 6.325m。

项目七　平面控制测量

学习目标：

知识目标：掌握标准方向的概念及意义；掌握一条直线正反两种坐标方位角的换算方法；了解平面控制网的布设形式；理解外业测量工作步骤、工作方法以及数据的检验和整理办法。

技能目标：能熟练进行水平角、水平距离、磁方位角的测量；能准确进行坐标增量计算和改正，并能检验计算错误；能利用起算点坐标和改正后坐标增量推算各导线点的坐标。

素质目标：养成认真仔细的良好习惯；养成严守规范的良好习惯；具有综合运用专业知识和技能从事较复杂测量工作任务的能力。

学时建议： 8 学时。

任务导入： 我们所施工的建筑物都是在地面指定位置的，不能随便乱施工，地面上的位置是用二维坐标来表示的，那么如何确定地面上指定点的二维坐标呢？这就是平面控制测量的内容了。

模块一　直线定向

为了确定地面两点在平面位置的相对关系，仅测得两点间水平距离是不够的，还须确定该直线的方向。在测量上，直线方向是以该直线与基本方向线之间的夹角来确定的。确定直线方向与基本方向之间的关系，称为直线定向。

一、标准方向的种类

（一）真子午线方向

通过地球表面某点的真子午线的切线方向，称为该点的真子午线方向。真子午线方向可用天文观测方法或陀螺经纬仪来确定。

（二）磁子午线方向

磁针在地球磁场的作用下自由静止时所指的方向，即为磁子午线方向。

由于地磁南北极与地球南北极不重合，因此地面上某点的磁子午线与真子午线也并不一致，它们之间的夹角称为磁偏角，用符号 δ 表示，如图 7-1 所示。磁子午线方向偏于真子午线方向以东称为东偏，偏于西称西偏，并规定东偏为正、西偏为负。磁偏角的大小随地点的不同而异，即使在同一地点，由于地球磁场经常变化，磁偏角的大小也有变化。我国境内磁偏角值在 $+6°$（西北地区）和-10°（东北地区）之间。磁子午线方向可用罗盘仪来测定。由于地球磁极的变化，磁针受磁性物质的影响，定向精度不高，所以不适合作为精确定向的基本方向，但可作为小区域独立测区的基本方向。

（三）坐标纵轴方向

以通过测区内坐标原点的坐标纵轴 OX 轴正方向为基本方向，测区内其他各点的子午线均与过坐标原点的坐标纵轴平行。这种基本方向称为坐标纵轴方向。

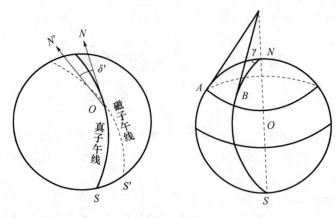

图 7-1　方位角

通过地面某点 M 的真子午线方向与坐标纵轴方向之间的夹角称为子午线收敛角 γ。坐标纵轴方向偏于真子午线方向以东者为东偏，γ 角为正，西偏 γ 角为负，如图 7-1 所示。某点的子午线收敛角值，可根据该点的高斯平面直角坐标在有关计算表中查得。

二、直线方向的表示方法

（一）方位角

从过直线段一端的基本方向线的北端起，以顺时针方向旋转到该直线得到的水平角度，称为该直线的方位角。方位角的角值为 $0°\sim360°$。因为基本方向有三种，所以方位角也有三种，即真方位角、磁方位角、坐标方位角。

以真子午线为基本方向线，所得方位角称为真方位角，一般以 A 或 $\alpha_{真}$ 表示。以磁子午线为基本方向线，则所得方位角称为磁方位角一般以 Am 或 $\alpha_{磁}$ 表示。以坐标纵轴为基本方向线所得方位角，称为坐标方位角（有时简称方位角），通常以 α 或 $\alpha_{坐}$ 表示。

（二）象限角

对于直线定向，有时也用小于 $90°$ 的角度来确定。从过直线一端的基本方向线的北端或南端，依顺时针（或逆时针）的方向量至直线的锐角，称为该直线的象限角，一般以 R 表示。象限角的角值为 $0\sim90°$。竖轴 x 为经过 O 点的基本方向线，$O1$、$O2$、$O3$、$O4$ 为地面直线，则 R_1、R_2、R_3、R_4 分别为四条直线的象限角。若基本方向线为真子午线，则相应的象限角为真象限角。若基本方向线为磁子午线，则相应的象限角为磁象限角。仅有象限角的角值还不能完全确定直线的位置，因为具有某一角值（例如 $50°$）的象限角，可以从不同的线端（北端或南端）和不同的方向（向东或向西）来度量，所以在用象限角确定直线的方向时，除写出角度的大小外，还应注明该直线所在象限名称：北东、南东、南西、北西等。在图 7-2 中，直线 $O1$、$O2$、$O3$、$O4$ 的象限角相应地要写为北东 R_1、南东 R_2、南西 R_3、北西 R_4，它们顺次相应等于第一、二、三、四象限中的象限角。象限角也有正反之分，正反象限角值相等，象限名称相反。

（三）坐标方位角与象限角的关系

同一直线的坐标方位角与象限角之间的关系如表 7-1 所示。

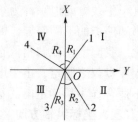

图 7-2　象限角

表 7-1　坐标方位角与象限角之间的关系

象限		根据方位角 α 求象限角 R	根据象限角 R 求方位角 α
编号	名称		
Ⅰ	北东（NE）	$R=\alpha$	$\alpha=R$
Ⅱ	南东（SE）	$R=180°-\alpha$	$\alpha=180°-R$
Ⅲ	南西（SW）	$R=\alpha-180°$	$\alpha=180°+R$
Ⅳ	北西（NW）	$R=360°-\alpha$	$\alpha=360°-R$

（四）正反坐标方位角的关系

相对来说一条直线有正、反两个方向。直线的两端都可以进行定向。若设定直线的正方向为 12，则直线 12 的方位角为正方位角，而直线 21 的方位角就是直线 12 的反方位角。反之，也是一样。如图 7-3 所示。

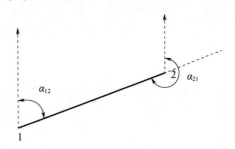

图 7-3　正反方位角

若以 α_{12} 为直线正坐标方位角，则 α_{21} 为反坐标方位角，两者有如下的关系：

若 $\alpha_{12}<180°$则有：$\alpha_{21}=\alpha_{12}+180°$

若 $\alpha_{12}>180°$则有：$\alpha_{21}=\alpha_{12}-180°$

即：$\alpha_{21}=\alpha_{12}\pm180°$

$\qquad\alpha_{反}=\alpha_{正}\pm180°$

模块二　导线测量

导线测量是平面控制测量的一种方法。所谓导线就是由测区内选定的控制点组成的连续折线，如图 7-4 所示。折线的转折点 A、B、C、E、F 称为导线点；转折边 D_{AB}、D_{BC}、D_{CE}、D_{EF} 称为导线边；水平角 β_B、β_C、β_E 称为转折角，其中 β_B、β_E 在导线前进方向的左侧，叫做左角，β_C 在导线前进方向的右侧，叫做右角；α_{AB} 称为起始边 D_{AB} 的坐标方位角。导线测量主要是测定导线边长及其转折角，然后根据起始点的已知坐标和起始边的坐标方位角，计算各导线点的坐标。

一、导线的形式

根据测区的情况和要求，导线可以布设成以下几种常用形式：

1. 闭合导线

如图 7-5（a）所示，由某一高级控制点出发最后又回到该点，组成一个闭合多边形。它适用于面积较宽阔的独立地区作测图控制。

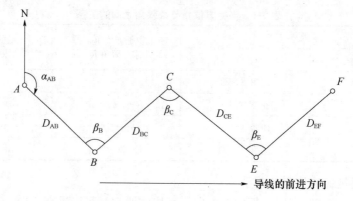

图 7-4　导线示意图

2. 附合导线

如图 7-5 (b) 所示,自某一高级控制点出发最后附合到另一高级控制点上的导线,它适用于带状地区的测图控制,此外也广泛用于公路、铁路、管道、河道等工程的勘测与施工控制点的建立。

3. 支导线

如图 7-5 (c) 所示,从一控制点出发,即不闭合也不附合于另一控制点上的单一导线,这种导线没有已知点进行校核,错误不易发现,所以导线的点数不得超过 2～3 个。

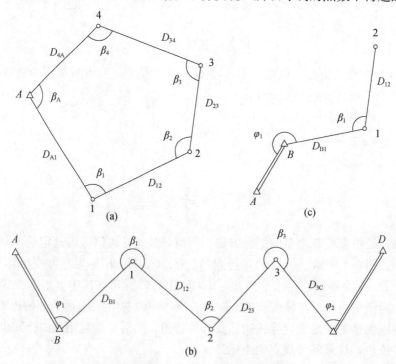

（a）闭合导线；（b）附合导线；（c）支导线

图 7-5　导线的布置形式示意图

除国家精密导线外,在公路工程测量中,根据测区范围和精度要求,导线测量可分为三等、四等、一级、二级和三级导线五个等级。各级导线测量的技术要求如表 7-2所示。

表 7-2　导线测量的技术要求

等级	导线长度 (km)	平均边长 (km)	测距中误差 (mm)	测角中误差 (″)	导线全长相对闭合差	方位角闭合差 (″)	测回数		
							DJ$_1$	DJ$_2$	DJ$_6$
三等	14	3	20	1.8	1/55000	$3.6\sqrt{n}$	6	10	—
四等	9	1.5	18	2.5	1/35000	$5\sqrt{n}$	4	6	—
一级	4	0.5	15	5.0	1/15000	$10\sqrt{n}$	—	2	4
二级	2.4	0.25	15	8.0	1/10000	$16\sqrt{n}$	—	1	3
三级	1.2	0.1	15	15.0	1/5000	$24\sqrt{n}$	—	1	2

二、导线测量的外业工作

导线测量的工作分外业和内业。外业工作一般包括选点、测角和量边；内业工作是根据外业的观测成果经过计算，最后求得各导线点的平面直角坐标。本节要介绍的是外业中的几项工作。

(一) 选点

导线点位置的选择，除了满足导线的等级、用途及工程的特殊要求外，选点前应进行实地踏勘，根据地形情况和已有控制点的分布等确定布点方案，并在实地选定位置。在实地选点时应注意下列几点：

(1) 导线点应选在地势较高、视野开阔的地点，便于施测周围地形。

(2) 相邻两导线点间要互相通视，便于测量水平角。

(3) 导线应沿着平坦、土质坚实的地面设置，以便于丈量距离。

(4) 导线边长要选得大致相等，相邻边长不应悬殊过大。

(5) 导线点位置须能安置仪器，便于保存。

(6) 导线点应尽量靠近路线位置。

导线点位置选好后要在地面上标定下来，一般方法是打一木桩并在桩顶中心钉一小铁钉。对于需要长期保存的导线点，则应埋入石桩或混凝土桩，桩顶刻凿十字或浇入锯有十字的钢筋作标志。

为了便于日后寻找使用，最好将重要的导线点及其附近的地物绘成草图，注明尺寸，如图 7-6 所示。

草图	导线点	相联位置	
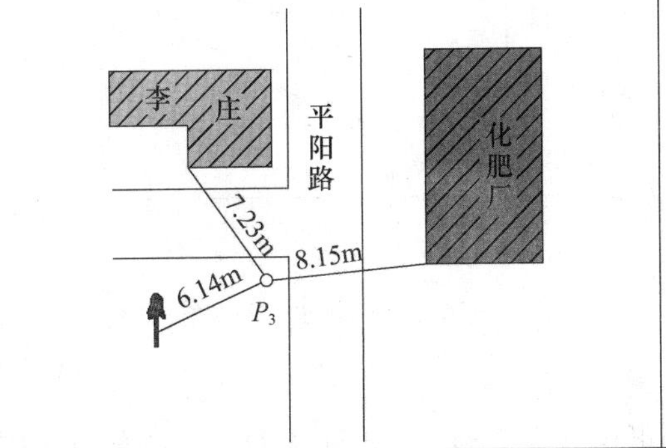		李庄	7.23m
		化肥厂	8.15m
	P_3	独立树	6.14m

图 7-6　导线点之标记图

（二）测角

导线的水平角即转折角，是用经纬仪按测回法进行观测的。在导线点上可以测量导线前进方向的左角或右角。一般在附合导线中，测量导线的左角，在闭合导线中均测内角。当导线与高级点连接时，需测出各连接角，如图 7-5（b）中的 φ_1、φ_2 角。如果是在没有高级点的独立地区布设导线时，测出起始边的方位角以确定导线的方向，或假定起始边方位角。

（三）量距

导线边长是指相邻导线点间的水平距离。导线边长测量可采用光电测距仪、普通钢卷尺。采用光电测距仪测量边长的导线又称为光电测距导线，是目前最常用的方法。普通钢卷尺量距时，必须使用经国家测绘机构鉴定的钢尺并对丈量长度进行尺长改正、温度改正和倾斜改正。

三、导线测量的内业计算

导线测量的最终目的是要获得各导线点的平面直角坐标，因此外业工作结束后就要进行内业计算，以求得导线点的坐标。

（一）坐标计算的基本公式

1. 根据已知点的坐标及已知边长和坐标方位角计算未知点的坐标，即坐标的正算。

如图 7-7 所示，设 A 为已知点，B 为未知点，当 A 点的坐标（X_A，Y_A）和边长 D_{AB}、坐标方位角 α_{AB} 均为已知时，则可求得 B 点的坐标 X_B、Y_B。由图可知：

$$\left.\begin{array}{l} X_B = X_A + \Delta X_{AB} \\ Y_B = Y_A + \Delta Y_{AB} \end{array}\right\} \tag{7-1}$$

其中，坐标增量的计算公式为：

$$\left.\begin{array}{l} \Delta X_{AB} = D_{AB} \cdot \cos\alpha_{AB} \\ \Delta Y_{AB} = D_{AB} \cdot \sin\alpha_{AB} \end{array}\right\} \tag{7-2}$$

式中 ΔX_{AB}，ΔY_{AB} 的正负号应根据 $\cos\alpha_{AB}$、$\sin\alpha_{AB}$ 的正负号决定，所以式（7-1）又可写成：

$$\left.\begin{array}{l} X_B = X_A + D_{AB} \cdot \cos\alpha_{AB} \\ Y_B = Y_A + D_{AB} \cdot \sin\alpha_{AB} \end{array}\right\} \tag{7-3}$$

2. 由两个已知点的坐标反算其坐标方位角和边长，即坐标的反算

如图 7-7 所示，若设 A、B 为两已知点，其坐标分别为 X_A、Y_A 和 X_B、Y_B 则可得：

$$\tan\alpha_{AB} = \frac{\Delta Y_{AB}}{\Delta X_{AB}} \tag{7-4}$$

$$D_{AB} = \frac{\Delta Y_{AB}}{\sin\alpha_{AB}} = \frac{\Delta X_{AB}}{\cos\alpha_{AB}} \tag{7-5}$$

或 $D_{AB} = \sqrt{(\Delta X_{AB})^2 + (\Delta Y_{AB})^2}$ （7-6）

上式中，$\Delta X_{AB} = X_B - X_A$，$\Delta Y_{AB} = Y_B - Y_A$。

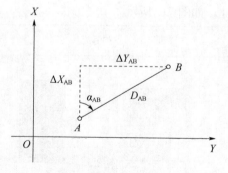

图 7-7　导线坐标计算示意图

由式（7-4）可求得 α_{AB}。α_{AB} 求得后，又可由式（7-5）算出两个 D_{AB}，并作相互校

核。如果仅尾数略有差异，就取中数作为最后的结果。

需要指出的是：按（7-4）式计算出来的坐标方位角是有正负号的，因此，还应按坐标增量 ΔX 和 ΔY 的正负号最后确定 AB 边的坐标方位角。即：若按（7-4）式计算的坐标方位角为：

$$\alpha' = \arctan \frac{\Delta Y}{\Delta X} \tag{7-7}$$

则 AB 边的坐标方位角 α_{AB} 参见图 7-8 应为：

在第Ⅰ象限，即当 $\Delta X > 0$，$\Delta Y > 0$ 时，$\alpha_{AB} = \alpha'$，α_{AB} 在 $0°\sim 90°$

在第Ⅱ象限，即当 $\Delta X < 0$，$\Delta Y > 0$ 时，$\alpha_{AB} = 180° - \alpha'$，$\alpha_{AB}$ 在 $90°\sim 180°$

在第Ⅲ象限，即当 $\Delta X < 0$，$\Delta Y < 0$ 时，$\alpha_{AB} = 180° + \alpha'$，$\alpha_{AB}$ 在 $180°\sim270°$

在第Ⅳ象限，即当 $\Delta X > 0$，$\Delta Y < 0$ 时，$\alpha_{AB} = 360° - \alpha'$，$\alpha_{AB}$ 在 $270°\sim 360°$

也就是当 $\Delta X > 0$ 时，应给 α' 加 $360°$；当 $\Delta X < 0$ 时，应给 α' 加 $180°$ 才是所求 AB 边的坐标方位角。

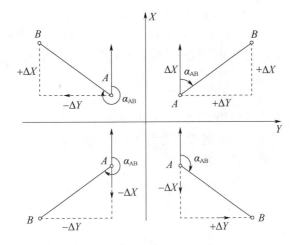

图 7-8　不同象限导线边坐标方位角示意图

（二）坐标方位角的推算

为了计算导线点的坐标，首先应推算出导线各边的坐标方位角（以下简称方位角）。如果导线和国家控制点或测区的高级点进行了连接，则导线各边的方位角是由已知边的方位角来推算；如果测区附近没有高级控制点可以连接，称为独立测区，则须测量起始边的方位角，再以此观测方位角来推算导线各边的方位角。

如图 7-9 所示，设 A、B、C 为导线点，AB 边的方位角 α_{AB} 为已知，导线点 B 的左角为 $\beta_{左}$ 现在来推算 BC 边的方位角 α_{BC}。

由正反方位角的关系，可知：

$$\alpha_{BC} = \alpha_{AB} - 180°$$

则从图中可以看出：

$$\alpha_{BC} = \alpha_{AB} + \beta_{左} = \alpha_{AB} - 180° + \beta \tag{7-8}$$

根据方位角不大于 $360°$ 的定义，当用上式算出的方位角大于 $360°$，则减去 $360°$ 即可。当用右角推算方位角时，如图 7-10 所示：

$$\alpha_{BA} = \alpha_{AB} + 180°$$

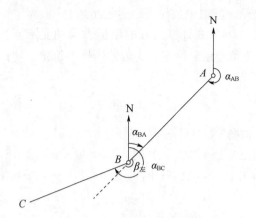

图 7-9　坐标方位角推算示意图

则从图中可以看出

$$\alpha_{BC} = \alpha_{BA} + 180° - \beta_{右} \tag{7-9}$$

用式（7-9）计算 α_{BC} 时，如果 $\alpha_{AB} + 180°$ 后仍小于 $\beta_{右}$ 时，则应加 $360°$ 后再减 $\beta_{右}$。

根据上述推导，得到导线边坐标方位角的一般推算公式为：

$$\alpha_{前} = \alpha_{后} \pm 180° \begin{cases} + \beta_{左} \\ - \beta_{右} \end{cases} \tag{7-10}$$

式中　$\alpha_{前}$、$\alpha_{后}$——导线点的前边方位角和后边方位角。

如图 7-11 所示，以导线的前进方向为参考，导线点 B 的后边是 AB 边，其方位角为 $\alpha_{后}$，前边是 BC 边，其方位角为 $\alpha_{前}$。

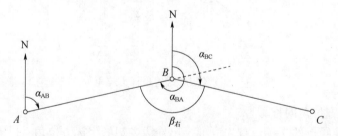

图 7-10　坐标方位角推算示意图

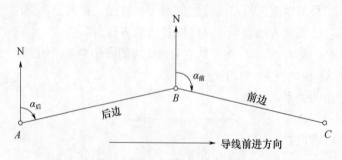

图 7-11　坐标方位角推算标准图

180°前的正负号取用，是当 $\alpha_{后}$＜180°时，用"＋"号；当 $\alpha_{后}$＞180°时，用"－"号。导线的转折角是左角（$\beta_{左}$）就加上，右角（$\beta_{右}$）就减去。

（三）闭合导线的坐标计算

1. 角度闭合差的计算与调整

闭合导线从几何上看，是一多边形，如图 7-12 所示。其内角和在理论上应满足下列关系：

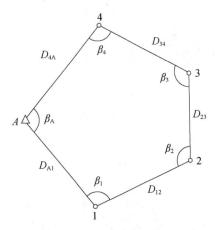

$$\sum\beta_{理} = 180°·(n-2) \qquad (7\text{-}11)$$

但由于测角时不可避免地有误差存在，使实测内角之和不等于理论值，这样就产生了角度闭合差，以 f_β 来表示，则：

$$f_\beta = \sum\beta_{测} - \sum\beta_{理}$$

或 $f_\beta = \sum\beta_{测} - (n-2)\times180°$　(7-12)

式中　n——闭合导线的转折角数；

$\sum\beta_{测}$——观测角的总和。

算出角度闭合差之后，如果 f_β 值不超过允许

图 7-12　闭合导线示意图

误差的限度，（一般为 $\pm40\sqrt{n}$，n 为角度个数），说明角度观测符合要求，即可进行角度闭合差调整，使调整后的角值满足理论上的要求。

由于导线的各内角是采用相同的仪器和方法，在相同的条件下观测的，所以对于每一个角度来讲，可以认为它们产生的误差大致相同，因此在调整角度闭合差时，可将闭合差按相反的符号平均分配于每个观测内角中。设以 V_β 表示各观测角的改正数，$\beta_{测i}$ 表示观测角，β_i 表示改正后的角值，则：

$$V_{\beta i} = -\frac{f_\beta}{n} \qquad (7\text{-}13)$$

$$\beta_i = \beta_{测i} + V_{\beta i} \quad (i = 1,2,\cdots,n)$$

当上式不能整除时；则可将余数凑整到导线中短边相邻的角上（若只选一个角，则选两角中另一边较短的那个），这是因为在短边测角时由于仪器对中、照准所引起的误差较大。

各内角的改正数之和应等于角度闭合差，但符号相反，即 $\sum V_\beta = -f_\beta$。改正后的各内角值之和应等于理论值，即 $\sum\beta_i = (n-2)\times180°$。

例如，某导线是一个四边形闭合导线。四个内角的观测值总和 $\sum\beta_{测} = 359°59'14''$。

由多边形内角和公式计算可知：

$$\sum\beta_{理} = (4-2)\times180° = 360°$$

则角度闭合差为：

$$f_\beta = \sum\beta_{测} - \sum\beta_{理} = -46''$$

按要求允许的角度闭合误差为：

$$f_{\beta允} = \pm24''\sqrt{n} = \pm24''\sqrt{4} = \pm48''$$

则 f_β 在允许误差范围内，可以进行角度闭合差调整。

依照式（7-13）得各角的改正数为

$$V_{\beta i} = -\frac{f_\beta}{n} = \frac{-46''}{n} = +11.5''$$

由于不是整秒，分配时每个角平均分配 $+11''$，短边角的改正数为 $+12''$。改正后

的各内角值之和应等于 360°。

2. 坐标方位角推算

根据起始边的坐标方位角 α_{AB} 及改正后（调整后）的内角值 β_i，按式（7-10）依次推算各边的坐标方位角。

3. 坐标增量的计算

如图 7-13 所示，在平面直角坐标系中，A、B 两点坐标分别为 A（X_A，Y_A）和 B（X_B，Y_B），它们相应的坐标差称为坐标增量，分别以 ΔX 和 ΔY 表示，从图中可以看出：

$$X_B - X_A = \Delta X_{AB}$$
$$Y_B - Y_A = \Delta Y_{AB}$$
$$或\ X_B = X_A + \Delta X_{AB}$$
$$Y_B = Y_A + \Delta Y_{AB} \qquad (7\text{-}14)$$

导线边 AB 的距离为 D_{AB}，其方位角为 α_{AB}，则：

$$\left.\begin{array}{l} \Delta X_{AB} = D_{AB} \cdot \cos\alpha_{AB} \\ \Delta Y_{AB} = D_{AB} \cdot \sin\alpha_{AB} \end{array}\right\} \qquad (7\text{-}15)$$

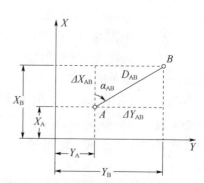

图 7-13　坐标增量计算示意图

ΔX_{AB}、ΔY_{AB} 的正负号从图 7-8 中可以看出，当导线边 AB 位于不同的象限，其纵、横坐标增量的符号也不同。也就是当 α_{AB} 在 0°～90°（即第一象限）时，ΔX、ΔY 的符号均为正，α_{AB} 在 90°～180°（第二象限）时，ΔX 为负，ΔY 为正；当 α_{AB} 在 180°～270°（第三象限）时，它们的符号均为负；当 α_{AB} 在 270°～360°（第四象限）时，ΔX 为正，ΔY 为负。

4. 坐标增量闭合差的计算与调整

（1）坐标增量闭合差的计算

如图 7-14 所示，导线边的坐标增量可以看成是在坐标轴上的投影线段。从理论上讲，闭合多边形各边在 X 轴上的投影，其 $+\Delta X$ 的总和与 $-\Delta X$ 的总和应相等，即各边纵坐标增量的代数和应等于零。同样在 Y 轴上的投影，其 $+\Delta Y$ 的总和与 $-\Delta Y$ 的总和也应相等，即各边横坐标量的代数和也应等于零。也就是说闭合导线的纵、横坐标增量之和在理论上应满足下述关系：

$$\left.\begin{array}{l} \sum\Delta X_{理} = 0 \\ \sum\Delta Y_{理} = 0 \end{array}\right\} \qquad (7\text{-}16)$$

但因测角和量距都不可避免地有误差存在，因此根据观测结果计算的 $\sum\Delta X_{算}$、$\sum\Delta Y_{算}$ 都不等于零，而等于某一个数值 f_x 和 f_y。即：

$$\left.\begin{array}{l} \sum\Delta X_{算} = f_X \\ \sum\Delta Y_{算} = f_Y \end{array}\right\} \qquad (7\text{-}17)$$

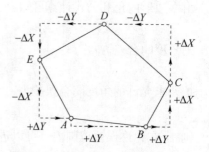

图 7-14　闭合导线坐标增量示意图

式中　f_x——纵坐标增量闭合差；

f_y——横坐标增量闭合差。

从图 7-15 中可以看出 f_x 和 f_y 的几何意义。由于 f_x 和 f_y 的存在，就使得闭合多边形出现了一个缺口，起点 A 和终点 A' 没有重合，设 AA' 的长度为 f_D，称为导线的全长闭合差，而 f_x 和 f_y 正好是 f_D 在纵、横坐标轴上的投影长度。

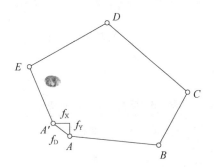

图 7-15　闭合导线坐标增量闭合差示意图

所以

$$f_D = \sqrt{f_X^2 + f_Y^2} \tag{7-18}$$

（2）导线精度的衡量

导线全长闭合差 f_D 的产生，是由于测角和量距中有误差存在的缘故，所以一般用它来衡量导线的观测精度。可是导线全长闭合差是一个绝对闭合差，且导线愈长，所量的边数与所测的转折角数就愈多，影响全长闭合差的值也就愈大，因此，须采用相对闭合差来衡量导线的精度。设导线的总长为 $\sum D$，则导线全长相对闭合差 K 为：

$$K = \frac{f_D}{\sum D} = \frac{1}{\sum D / f_D} \tag{7-19}$$

若 $K \leqslant K_允$，则表明导线的精度符合要求，否则应查明原因进行补测或重测。

（3）坐标增量闭合差的调整

如果导线的精度符合要求，即可将增量闭合差进行调整，使改正后的坐标增量满足理论上的要求。由于是等精度观测，所以增量闭合差的调整原则是将它们以相反的符号按与边长呈正比例分配在各边的坐标增量中。设 $V_{\Delta X_i}$、$V_{\Delta Y_i}$ 分别为纵、横坐标增量的改正数，即

$$\left.\begin{array}{l} V_{\Delta X_i} = -\dfrac{f_x}{\sum D} D_i \\[3mm] V_{\Delta Y_i} = -\dfrac{f_y}{\sum D} D_i \end{array}\right\} \tag{7-20}$$

式中　$\sum D$——导线边长总和；

D_i——导线某边长（$i=1,2,\cdots,n$）。

所有坐标增量改正数的总和，其数值应等于坐标增量闭合差而符号相反，即

$$\left.\begin{array}{l} \sum V_{\Delta X} = V_{\Delta X_1} + V_{\Delta X_2} + \cdots + V_{\Delta X_n} = -f_x \\[2mm] \sum V_{\Delta Y} = V_{\Delta Y_1} + V_{\Delta Y_2} + \cdots + V_{\Delta Y_n} = -f_y \end{array}\right\} \tag{7-21}$$

改正后的坐标增量应为：

$$\begin{array}{l} \Delta X_i = \Delta X_{算_i} + V_{\Delta X_i} \\[2mm] \Delta Y_i = \Delta Y_{算_i} + V_{\Delta Y_i} \end{array} \tag{7-22}$$

5. 坐标推算

用改正后的坐标增量，就可以从导线起点的已知坐标依次推算其他导线点的坐标，即：

$$\left.\begin{array}{l} X_i = X_{i-1} + \Delta X_{i-1,i} \\ Y_i = Y_{i-1} + \Delta Y_{i-1,i} \end{array}\right\} \qquad (7\text{-}23)$$

闭合导线坐标计算表见表 7-3。

表 7-3　闭合导线坐标计算表

点号	观测角 ° ′ ″		坐标方位角 ° ′ ″	边长 /m	坐标增量 /m		改正后坐标增量/m		导线点坐标/m	
	观测值 ° ′ ″	改正后角值 ° ′ ″			ΔX	ΔY	ΔX′	ΔY′	X	Y
A	(+12) 98 39 36	98 39 48							1000.00	1000.00
			150 48 12	125.87	(−2) −109.88	(−4) +61.40	−109.90	+1.36		
1	(+12) 88 36 06	88 36 18							890.10	1061.36
			69 28 00	162.92	(−2) +57.14	(−5) +152.57	+57.12	+152.52		
2	(+12) 87 25 30	87 25 42							947.22	1213.88
			338 04 18	136.85	(−2) +126.95	(−4) −51.11	+126.93	−51.15		
3	(+12) 85 18 00	85 18 12							1074.15	1162.73
			245 30 00	178.77	(−2) −74.13	(−6) −162.67	−74.15	−162.73		
A									1000.00	1000.00
1			150 48 12							
Σ	359 59 12	360 00 00		604.41	+0.08	+0.19	0	0		

$\sum\beta_{理} = (n-2) \times 180° = 360°$　　　$f_x = +0.08$　$f_y = +0.19$　$f_D = 0.21$

$f_\beta = \sum\beta_{测} - \sum\beta_{理} = -48''$　　$K = f_D/\sum D = 1/2880$　　$K_容 = 1/2000$

$f_{\beta容} = \pm 60\sqrt{n} = \pm 120''$　　　$f_x/\sum D = +0.08/604.41 = 1.32 \times 10^{-4}$

$v_\beta = -(-48'')/4 = +12''$　　　$f_y/\sum D = +0.19/604.41 = 3.14 \times 10^{-4}$

（四）附合导线的坐标计算

附合导线的坐标计算方法与闭合导线基本上相同，但由于布置形式不同，且附合导线两端与已知点相连，因而只是角度闭合差与坐标增量闭合差的计算公式有些不同。下面介绍这两项的计算方法：

1. 角度闭合差的计算

如图 7-16 所示，附合导线连接在高级控制点 A、B 和 C、D 上，它们的坐标均已知。连接角为 φ_1 和 φ_2，起始边坐标方位角 α_{AB} 和终边坐标方位角 α_{CD} 可根据坐标反算求得，见式（7-9）。从起始边方位角 α_{AB} 经连接角依照式（7-10）可推算出终边的方位角 α'_{CD}，此方位角应与反算求得的方位角（已知值）α_{CD} 相等。由于测角有误差，推算的 α'_{CD} 与已知的 α_{CD} 不可能相等，其差数即为附合导线的角度闭合差 f_β 即：

$$f_\beta = \alpha'_{CD} - \alpha_{CD} \qquad (7\text{-}24)$$

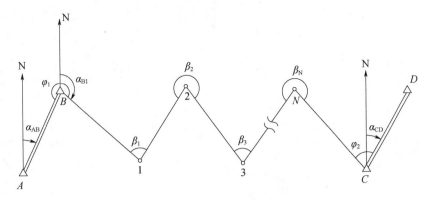

图 7-16　附合导线示意图

终边坐标方位角 α'_{CD} 的推算方法可用式（7-10）推求，也可用下列公式直接计算出终边坐标方位角。

用观测导线的左角来计算方位角，其公式为：

$$\alpha'_{CD} = \alpha_{AB} - n \times 180° + \sum \beta_左 \tag{7-25}$$

用观测导线的右角来计算方位角，其公式为：

$$\alpha'_{CD} = \alpha_{AB} + n \times 180° + \sum \beta_右 \tag{7-26}$$

式中　n——转折角的个数。

附合导线角度闭合差的一般形式可写为：

$$f_\beta = (\alpha_{AB} - \alpha_{CD}) \mp n \times 180° {+\sum \beta_左 \atop -\sum \beta_右}$$

附合导线角度闭合差的调整方法与闭合导线相同。需要注意的是，在调整过程中，转折角的个数应包括连接角，若观测角为右角时，改正数的符号应与闭合差相同。用调整后的转折角和连接角所推算的终边方位角应等于反算求得的终边方位角。

2. 坐标增量闭合差的计算

如图 7-17 所示，附合导线各边坐标增量的代数和在理论上应等于起、终两已知点的坐标值之差，即

$$\sum \Delta X_理 = X_B - X_A$$
$$\sum \Delta Y_理 = Y_B - Y_A$$

由于测角和量边有误差存在，所以计算的各边纵、横坐标增量代数和不等于理论值，产生纵、横坐标增量闭合差，其计算公式为：

$$\left. \begin{array}{l} f_X = \sum \Delta X_算 - (X_B - X_A) \\ f_Y = \sum \Delta Y_算 - (Y_B - Y_A) \end{array} \right\} \tag{7-27}$$

附合导线坐标增量闭合差的调整方法以及导线精度的衡量均与闭合导线相同。

附合导线的坐标计算示例见表 7-4 所示：

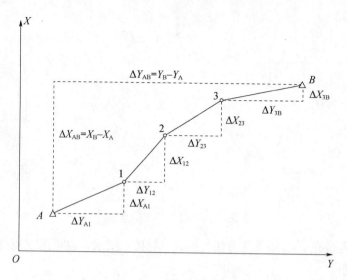

图 7-17　附合导线坐标增量示意图

表 7-4　附合导线坐标计算表

点号	转折角 ° ′ ″ 观测值 ° ′ ″	转折角 ° ′ ″ 改正后角值 ° ′ ″	坐标方位角 ° ′ ″	边长/m	坐标增量/m ΔX	坐标增量/m ΔY	改正后坐标增量/m ΔX′	改正后坐标增量/m ΔY′	导线点坐标/m X	导线点坐标/m Y
A										
			149 40 00							
B	(−10) 168 03 24	168 03 14							2453.84	3709.65
			137 43 14	236.02	(−9) −174.62	(−4) +158.78	−174.71	+158.74		
1	(−10) 145 20 48	145 20 38							2279.13	3868.39
			103 03 52	189.11	(−7) −42.75	(−4) +184.22	−42.82	+184.18		
2	(−10) 216 46 36	216 46 26							2236.31	4052.57
			139 50 18	147.62	(−5) −112.82	(−3) +95.21	−112.87	+95.18		
C	(−11) 49 02 48	49 02 37							2123.44	4147.75
			8 52 55							
D										
Σ	579 13 36	579 12 55		572.75	−330.19	+438.21	−330.40	+438.10		

$\alpha_{CD测} = \alpha_{AB} + \sum\beta_{测} - n \times 180°$
　　　$= 28°53'36''$
$f_\beta = \alpha_{CD测} - \alpha_{CD} = +41''$
$f_{\beta容} = \pm 60\sqrt{n} = \pm 120''$
$v_\beta = -(+41'')/4 = -10''$,
余（−1″）

$f_x = +0.08$　$f_y = +0.19$　$f_D = 0.21$
$K = f_D/\sum D = 1/2880$　$K_容 = 1/2000$
$f_x/\sum D = +0.08/604.41 = 1.32 \times 10^{-4}$,
$fy/\sum D = +0.19/604.41 = 3.14 \times 10^{-4}$

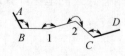

习题：

1. 标准北方向有哪几种？它们之间有何关系？

2. 简述方位角和象限角的概念及其关系。

3. 导线的布设形式有哪些？导线测量的外业工作有哪些内容？

4. 如图，已知 AB 的坐标方位角，观测了图中四个水平角，试计算边 $B{\rightarrow}1$，$1{\rightarrow}2$，$2{\rightarrow}3$，$3{\rightarrow}4$ 的坐标方位角。

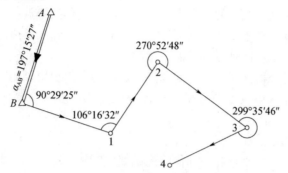

5. 附合导线与闭合导线的计算有哪些不同？

6. 某闭合导线如下图所示，已知 B 点的平面坐标和 AB 边的坐标方位角，观测了图中 6 个水平角和 5 条边长，试计算 1，2，3，4 点的平面坐标。

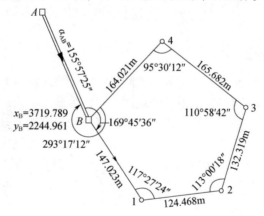

实训操作：

1. 取实训楼道路四周 4 个控制点 A、B、C、D 组成一条闭合导线，已知其中一个控制点 A 坐标为（1000.000，1000.000），$\alpha_{AB}=90°00'00''$，测量并计算其余三个控制点的坐标。

项目八 施工测量的基本知识

学习目标：

知识目标：掌握施工测量的基本内容；掌握施工测量的特点和要求。

技能目标：掌握已知水平距离的测设方法；能完成已知水平角的测设；能完成已知高程的测设；能熟练运用四种点的平面位置的测设方法。

素质目标：具有分析问题、解决问题和制定计划、组织协调的工作能力；具有综合运用专业知识和技能从事较复杂测量工作任务的能力；养成主动学习新知识和技能的习惯。

学时建议： 6 学时

任务导入： 万丈高楼平地起，如何将图纸变成实物，除了施工本身外，施工测量也是不可或缺的，没有测量，可能会使建筑物错位、变形，甚至倾斜，造成难以估量的损失。

模块一 施工测量概述

一、施工测量的作用

在施工阶段所进行的测量工作称为施工测量。施工测量的目的是将图纸上设计的建筑物的平面位置和高程标定在施工现场的地面上，作为施工的依据，使工程严格按照设计的要求进行建设。施工测量与地形图测绘都是研究和确定地面上点位的相互关系，测图是地面上先有一些点，然后测出它们之间关系，而施工放样是先从设计图纸上算得点位之间距离、方向和高差，再通过测量工作把点位测设到地面上。因此距离测设、角度测设、高程测设是施工测量的基本内容。

二、施工测量的主要内容

施工测量贯穿于整个施工过程中，其主要内容有：

（1）施工前建立与工程相适应的施工控制网。

（2）完成建（构）筑物的放样及构件与设备安装的测量工作，以确保施工质量符合设计要求。

（3）检查和验收工作。每道工序完成后，都要通过测量检查工程各部位的实际位置和高程是否符合要求，根据实测验收的记录，编绘竣工图和资料，作为验收时鉴定工程质量和工程交付后管理、维修、扩建、改建的依据。

（4）变形观测工作。随着施工的进展，测定建（构）筑物的位移和沉降，作为鉴定工程质量和验证工程设计、施工是否合理的依据。

三、施工测量的特点和要求

1. 施工测量的精度要求较测图高

施工测量的精度与建筑物的大小、性质、用途、结构形式、建筑材料以及放样点的位置有关。一般高层建筑测设的精度要求高于多层建筑，钢筋混凝土结构的工程测设精度高于砖混结构工程，钢架结构的测设精度高于钢筋混凝土结构的建筑物，建筑物本身的细部点测设精度比建筑物主轴线点的测设精度要求高。这是因为，建筑物主轴线测设误差只影响到建筑物的微小偏移，而建筑物各部分之间的位置和尺寸，设计上有严格要求，破坏了相对位置和尺寸就会造成工程事故。

2. 施工测量与施工密不可分

施工测量是设计与施工之间的桥梁，贯穿于整个施工过程中，是施工的重要组成部分。施工测量的进度与精度直接影响着施工的进度和施工质量。这就要求测量人员在放样前应熟悉建筑物总体布置和各个建筑物的结构设计图，并要检查和校核设计图上轴线间的距离和各部位高程标记。在施工过程中对主要部位的测设一定要进行校核，检查无误后方可施工。多数工程建成后，为便于管理、维修以及续扩建，还必须编绘竣工总平面图。有些高大和特殊建筑物，比如高层楼房、水库大坝等，在施工期间和建成以后还要进行变形观测，以便控制施工进度，积累资料，掌握规律，为工程严格按设计要求施工、维护和使用提供保障。

3. 施工测量环境复杂

由于施工现场各工序交叉作业、材料堆放、运输频繁、场地变动以及施工机械的振动，使测量标志易受破坏，因此，测量标志从形式、选点到埋设均应考虑便于使用、保管和检查，如有破坏，应及时恢复。

模块二　测设的基本工作

测设，又称放样，是测绘的逆过程。建（构）筑物的测设工作实际上是根据已知控制点或已有的建筑物，按照设计的角度、距离和高程把图纸上建（构）筑物的一些特征点（如轴线的交点）标定在实地上。因此，测设的基本工作就是测设已知水平距离、已知水平角和已知高程。

一、已知水平距离的测设

已知水平距离的测设，就是根据一个设计的起点和一条直线的已知长度和方向，在地面上标定终点，使起点与终点的水平距离为设计的长度。目前，工程建筑物放样时的距离测设，一般使用钢卷尺或全站仪，现分别介绍测设方法。

1. 一般方法

往返测设法，如图 8-1 所示，在已知的方向线 AB 上，从 A 点向 B 点测设水平距离 D，定出另一个点 C，使 AC 等于 D，放样方法如下：

在已知方向线 AB 直线上定线

从 A 点开始沿 AB 方向用钢尺量出水平距离 D，定出 C' 点的位置。

再从 C' 点返测，回到 A 点。

若相对误差在容许范围内（1/3000~1/2000），取其平均值。

计算出 $\Delta D = D' - D$。

当 ΔD 为正时则将 C' 向 A 点方向移动 ΔD，反之反移，定出 C 点。

如图 8-1 所示，已知 A 点，欲在 AB 方向上放样 C 点，AB 设计距离为 25.50m，放样精度要求达到 1/2000。放样方法与步骤：

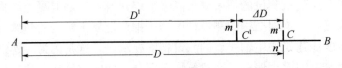

图 8-1　已知水平距离的测设

（1）以 A 为准在放样的 AB 方向上量 25.50m，打一木桩，并在桩顶标出方向线 AB。

（2）甲把钢尺零点对准 A 点，乙拉直并放平尺子对准 25.50m 处，在桩上画出与方向线垂直的短线 $m'n'$，交 AB 方向线于 C' 点。

（3）返测 $C'A$ 得距离为 25.506m，则

$\Delta D=$（25.500－25.506）m＝－0.006m。

相对误差＝0.006/25.50≈1/4250＜1/2000，测设精度符合要求。

改正数＝$\Delta D/2$＝－0.003m。

4）$m'n'$ 垂直向内平移 3mm 得 mn 短线，其与方向线的交点即为欲测设的 C 点。

2. 精密方法即距离改正法，其步骤为：

（1）在 AB 直线上根据设计的水平距离 D，从 A 点开始沿 AB 方向用钢尺量出水平距离 D，概定出 C' 点。

（2）精确测量 AC'，并进行尺长、温度和倾斜改正，求出 AC' 的精确水平距离 D'。

（3）如果 $\Delta D=D'-D$，则 C' 点即为 C 点。

（4）当 ΔD 为正时则将 C' 向 A 点方向移动 ΔD，反之反移，定出 C 点。

3. 全站仪放样

（1）将全站仪安置在 A 点，瞄准 B 点，并将棱镜安置在 C 的概略位置。

（2）打开电源，输入各种改正数据，启动放样功能，输入放样距离 D 的值。

（3）放样。根据极差 dD，指挥棱镜前后移动直到极差 dD＝0 时为止。

（4）在棱镜的位置处钉上木桩即为 C 点的实际位置。

二、已知水平角的测设

测设已知水平角就是根据一已知方向测设出另一方向，使它们的夹角等于给定的设计角值。按测设精度要求不同分为一般方法和精密方法。

1. 一般方法

盘左盘右分中法。当测设水平角精度要求不高时，可采用此法，即用盘左、盘右取平均值的方法。如图 8-2 所示，设 OA 为地面上已有方向，欲测设水平角 β，在 O 点安置经纬仪，以盘左位置瞄准 A 点，配置水平度盘读数 $0°00'00''$。转动照准部使水平度盘读数恰好为 β 值，在视线方向定出 B' 点。然后用盘右位置，重复上述步骤定出 B'' 点，取 B' 和 B'' 中点 B，则 $\angle AOB$ 即为测设的 β 角。

2. 精密方法

当水平角测设精度要求较高时，可采用精确方法测设已知水平角。如图 8-3 所示，方法与步骤如下：

（1）安置经纬仪于 O 点，按照上述一般方法测设出已知水平角 $\angle AOB'$，定出 B' 点；

（2）精确地测量 $\angle AOB'$ 的角值，一般采用多个测回取平均值的方法，设平均角值

为 β'；

（3）计算测量角值与设计值之差 $\Delta\beta = \beta' - \beta$；

（4）测量出 OB' 的距离。按下式计算 B' 点处 OB' 线段的垂距 $B'B$；

$$BB' = OB' \text{tag} \Delta\beta \approx OB' \frac{\Delta\beta}{\rho}$$

其中　　　　　　　　　　　　　　$\rho = 206265''$ 　　　　　　　　　　　　　（8-1）

（5）过 B' 点作 OB' 的垂线，从 B' 沿垂线方向向内或向外量垂距 BB'（当 $\Delta\beta > 0$ 向内截，反之向外截）定出 B 点，则 $\angle AOB$ 即是所需测设的 β 角。

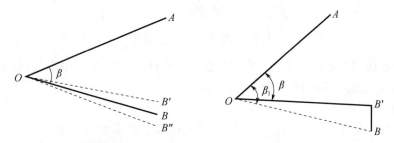

图 8-2　已知水平角测设的一般方法　　图 8-3　已知水平角测设的精密方法

例 8-1　如图 8-3 所示，已知直线 OA，需放样角值 $\beta = 60°30'24''$，初步放样得点 B'，对 $\angle AOB$ 做 4 个测回观测，其平均值为 $60°30'12''$。$D = 100\text{m}$，如何确定 B 点？

解：角度改正值 $\Delta\beta = 60°30'12'' - 60°30'24'' = -12''$

按式（8-1）得垂距 $B'B = -12''/206265'' \times 100\text{m} = -0.006\text{m}$，由于 $\Delta\beta < 0$，过 B' 点向角外作 OB' 的垂线 $B'B = 6\text{mm}$，则 B 点即为所要测设的点。

三、已知高程的测设

测设已知高程就是根据已知点的高程，通过引测，把设计高程标定在固定的位置上。

（一）水准测量法

1. 基本原理

如图 8-4 所示，设控制点 A 的高程为 H_A，待测设点 P 的设计高程为 H_P，在 A、P 两点之间合适位置安置水准仪，测得 A 点水准尺上的读数为 a，则在 P 点处水准尺的测设读数应为：

$$H_A + a = H_p + b \Rightarrow b = (H_A + a) - H_P$$ 　　　　　　　（8-2）

2. 测设步骤

（1）在合适位置安置仪器，于 A 点立水准尺，读取后视读数 a；

（2）按式（8-2）计算测设读数 b；

（3）将水准尺紧靠在 P 点的木桩上，上下移动尺子，使前视读数变为读数 b 时（注意符号），在水准尺底端的位置处划线即为点 P 的高程位置，并予标记该位置。

在建筑设计和施工中，为了计算方便，通常把建筑物的室内设计地坪高程用 ± 0.000 标高表示，建筑物的基础、门窗等高程都是以 ± 0.000 为依据进行测设。因此，首先要在施工现场利用测设已知高程的方法测设出室内地坪高程的位置。

（二）高程传递法

若待测设高程点的设计高程与附近已知水准点的高程相差很大，如测设较深的基坑

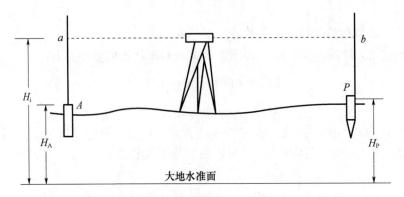

图 8-4　高程测设的一般方法

标高或测设高层建筑物的标高，只用标尺已无法放样，此时可借助钢尺将地面水准点的高程传递到在坑底或高楼上。

1. 基本原理

如图 8-5（a）所示，将地面水准点 A 的高程传递到基坑临时水准点 B 上，在坑边上设吊杆，倒挂经过检定的钢尺，零点在下端并挂 $10kg$ 重锤，在地面上和坑内分别安置水准仪，瞄准水准尺和钢尺读数（图 8-5 中 a，b，c，d），根据水准测量原理有

$$H_B = H_A + a - (c-d) - b$$
$$则 \ b = H_A + a - (c-d) - H_B \tag{8-3}$$

2. 测设方法

在 B 点立尺，使水准尺贴着坑壁上下移动，当水准仪视线在尺子上的读数等于 b 时，紧靠尺底在坑壁上划线，并用木桩标定，木桩面就是设计高程 H_B 点。

如图 8-5（b）所示，是将地面水准点 A 的高程传递到高层建筑物上，方法与上述相似。

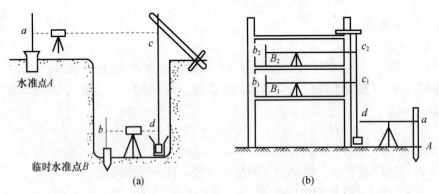

图 8-5　高程传递法进行高程测设

模块三　点的平面位置的测设

测设点的平面位置，就是根据已知控制点，在地面上标定出一些点的平面位置，使这些点的坐标为给定的设计坐标。根据设计点位与已有控制点的平面位置关系，结合施工现场条件，测设点的平面位置的方法有直角坐标法、极坐标法、角度交会法和距离交

会法。

一、直角坐标法

直角坐标法是根据两个彼此垂直的水平距离测设点的平面位置的方法。

1. 适用范围

当施工控制网为方格网或彼此垂直的主轴线时采用此法较为方便。

2. 计算测设数据

如图 8-6 所示，Ⅰ、Ⅱ、Ⅲ、Ⅳ为建筑施工场地的建筑方格网点，a、b、c、d 为欲测设建筑物的四个角点，根据设计图上各点坐标值，可求出建筑物的长度、宽度及测设数据。

建筑物的长度：$l = y_c - y_a = 580.00 - 530.00 = 50.00$m

建筑物的宽度：$b = x_c - x_a = 650.00 - 620.00 = 30.00$m

测设 a 点的测设数据（Ⅰ点与 a 点的纵横坐标之差）：

$\Delta x = x_a - x_1 = 620.00 - 600.00 = 20.00$m

$\Delta y = y_a - y_1 = 530.00 - 00.00 = 30.00$m

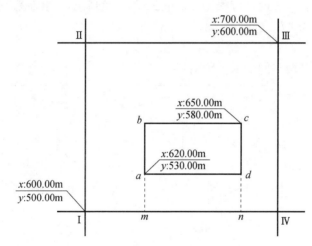

图 8-6 直角坐标法测设点

3. 点位测设方法

（1）在Ⅰ点安置经纬仪，瞄准Ⅳ点，沿视线方向测设距离 30.00m，定出 m 点，继续向前测设 50.00m，定出 n 点。

（2）在 m 点安置经纬仪，瞄准Ⅳ点（距离较远的建筑方格网点），按逆时针方向测设 90°角，由 m 点沿视线方向测设距离 20.00m，定出 a 点，作出标志，再向前测设 30.00m，定出 b 点，作出标志；

（3）在 n 点安置经纬仪，瞄准Ⅰ点（距离较远的建筑方格网点），按顺时针方向测设 90°角，由 n 点沿视线方向测设距离 20.00m，定出 d 点，作出标志，再向前测设 30.00m，定出 c 点，作出标志；

（4）检查建筑物四角是否等于 90°，各边长是否等于设计长度，其误差均应在限差以内。

测设上述距离和角度时，可根据精度要求分别采用一般方法或精密方法。

二、极坐标法

极坐标法是根据一个水平角和一段水平距离，测设点的平面位置的方法。

1. 适用范围

极坐标法适用于量距方便，且待测设点距控制点较近的建筑施工场地。

2. 计算测设数据

如图 8-7 所示，A、B 为已知平面控制点，其坐标值分别为 $A(x_A, y_A)$、$B(x_B, y_B)$，P 点为建筑物的一个角点，其坐标为 $P(x_P, y_P)$。现根据 A、B 两点，用极坐标法测设 P 点，其测设数据计算方法如下：

（1）计算 AB 边的坐标方位角 α_{AB} 和 AP 边的坐标方位角 α_{AP}，按坐标反算公式计算。

$$\alpha_{AB} = \arctan \frac{\Delta y_{AB}}{\Delta x_{AB}} \tag{8-4}$$

$$\alpha_{AP} = \arctan \frac{\Delta y_{AP}}{\Delta x_{AP}}$$

注意：每条边在计算时，应根据 Δx 和 Δy 的正负情况，判断该边所属象限。

（2）计算 AP 与 AB 之间的夹角。

$$\beta = \alpha_{AB} - \alpha_{AP} \tag{8-5}$$

（3）计算 A、P 两点间的水平距离。

$$D_{AP} = \sqrt{(x_P - x_A)^2 + (y_P - y_A)^2} = \sqrt{\Delta x_{AP}^2 + \Delta y_{AP}^2} \tag{8-6}$$

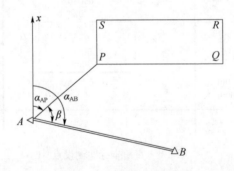

图 8-7 极坐标法测设点

例 8-2 已知 $x_P = 370.000$m，$y_P = 458.000$m，$x_A = 348.758$m，$y_A = 433.570$m，$\alpha_{AB} = 103°48'48''$，试计算测设数据 β 和 D_{AP}。

解：

$$\alpha_{AP} = \arctan \frac{\Delta y_{AP}}{\Delta x_{AP}} = \arctan \frac{458.000\text{m} - 433.570\text{m}}{370.000\text{m} - 348.758\text{m}} = 48°59'34''$$

$$\beta = \alpha_{AB} - \alpha_{AP} = 103°48'48'' - 48°59'34'' = 54°49'14''$$

$$D_{AP} = \sqrt{(370.000 - 348.758)^2 + (458.000 - 433.570)^2} = 32.374\text{m}$$

3. 点位测设方法

（1）在 A 点安置经纬仪，瞄准 B 点，按逆时针方向测设 β 角，定出 AP 方向。

（2）沿 AP 方向自 A 点测设水平距离 D_{AP}，定出 P 点，作出标志。

（3）用同样的方法测设 Q、R、S 点。全部测设完毕后，检查建筑物四角是否等于

90°，各边长是否等于设计长度，其误差均应在限差以内。

同样，在测设距离和角度时，可根据精度要求分别采用一般方法或精密方法。

三、角度交会法

角度交会法是根据测设出的两个或三个已知水平角而定出的直线方向，交会出点的平面位置的方法。

1. 适用范围

角度交会法适用于待测设点距控制点较远，且量距较困难的建筑施工场地。

2. 计算测设数据

如图 8-8（a）所示，A、B、C 为已知平面控制点，P 为待测设点，现根据 A、B、C 三点，用角度交会法测设 P 点，其测设数据计算方法如下：

（1）按坐标反算公式（8-4），分别计算出 α_{AB}、α_{AP}、α_{BP}、α_{CB} 和 α_{CP}。

（2）使用公式（8-5）计算水平角 β_1、β_2 和 β_3。

3. 点位测设方法

（1）在 A、B 两点同时安置经纬仪，同时测设水平角 β_1 和 β_2，定出两条视线，在两条视线相交处钉下一个大木桩，并在木桩上依 AP、BP 绘出方向线及其交点。

（2）在控制点 C 上安置经纬仪，测设水平角 β_3，同样在木桩上依 CP 绘出方向线。

（3）如果交会没有误差，此方向应通过前两方向线的交点，否则将形成一个"示误三角形"，如图 8-8（b）所示。若示误三角形边长在限差以内，则取示误三角形重心作为待测设点 P 的最终位置。

测设 β_1、β_2 和 β_3 时，视具体情况，可采用一般方法和精密方法。

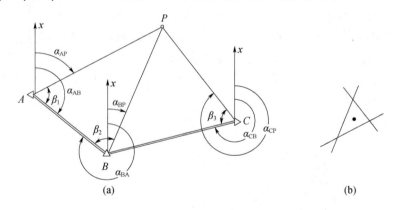

图 8-8　角度交会法测设点

四、距离交会法

距离交会法是根据测设出的两个已知的水平距离，交会出点的平面位置的方法。

1. 适用范围

此法适用于施工场地平坦，量距方便且控制点距离测设点不超过一尺的情况。

2. 计算测设数据

如图 8-9 所示，A、B 为已知平面控制点，P 为待测设点，现根据 A、B 两点，用距离交会法测设 P 点，其测设数据计算方法如下：

根据 A、B、P 三点的坐标值，使用公式（8-6）分别计算出 D_{AP} 和 D_{BP}。

3. 点位测设方法

（1）将钢尺的零点对准 A 点，以 D_{AP} 为半径在地面上画一圆弧。

（2）再将钢尺的零点对准 B 点，以 D_{BP} 为半径在地面上再画一圆弧。两圆弧的交点即为 P 点的平面位置。

（3）如果待放点有两个以上，可根据各待放点的坐标，反算各待放点之间的水平距离，对已经放样出的各点，再实测出它们之间的距离，并与相应的反算距离比较进行校核。

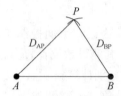

图 8-9　距离交会法测设点

模块四　已知坡度直线的测设

在场地平整、管道铺设和道路整修等工程中，常需要将已知坡度测设到地面上，两点间的高差与其水平距离的比值称为坡度。设地面上两点间的水平距离为 D，高差为 h，坡度为 i，则

$$i = h/D \tag{8-7}$$

坡度可用百分率（％）表示，也可用千分率（‰）表示。

已知坡度的测设，就是根据一点的高程位置，在给定的方向上定出其他一些点的高程位置，使这些点的高程位置在给定的设计坡度线上。

如图 8-10 所示，A 点的高程为 H_A，A、B 两点间的水平距离为 D_{AB}。直线 AB 的设计坡度为 i，可算出 B 点的设计高程为

$$H_B = H_A + i \times D_{AB} \tag{8-8}$$

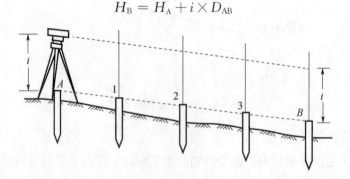

图 8-10　坡度测设

具体测设步骤如下：

（1）根据式（8-8），计算出 B 点的设计高程，先用高程放样的方法，将坡度线两端点 A、B 的设计高程标志标定在地面木桩上。

（2）将水准仪安置在 A 点上，并量取仪器高 i。安置时，使一个脚螺旋位于 AB 方

向上，另一对脚螺旋连线大致与 AB 方向垂直。

（3）旋转 AB 方向上的那个脚螺旋，使视线在 B 尺上的读数为仪器高 i。此时，视线与设计坡度线平行。

（4）测设中间 1、2、3……各桩的高程标志线。将水准尺依次放置在 1、2、3……各桩上，当中间各桩水准尺读数均为 i 时，各桩顶连线就是设计坡度线。

习题：

1. 测设的基本工作有哪几项？测设与测量有何不同？

2. 测设点的平面位置有哪些方法？各适用于什么场合？

3. 已测设直角 AOB，并用多个测回测得其平均角值为 $90°00'48''$，又知 OB 的长度为 180.000m，问在垂直于 OB 的方向上，B 点应该向何方向移动多少距离才能得到 $90°00'00''$ 的角？

4. 利用高程为 9.531m 的水准点 A，测设设计高程为 9.800m 的室内 ±0.000 标高，水准仪安置在合适位置，读取水准点 A 上水准尺读数为 1.035m，问水准仪瞄准 ±0.000 处水准尺，读数应为多少时，尺底高程就是 ±0.000 标高位置？

5. B 点的设计高差 $h = 13.6$m（相对于 A 点），按图所示，按二个测站进行高程放样，中间悬挂一把钢尺，$a_1 = 1.530$m，$b_1 = 0.380$m，$a_2 = 13.480$m。计算 $b_2 = ?$

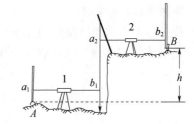

实训操作：

1. 已知点 A、B 和待测设点 P 坐标是：

A：$x_A = 2250.346$m，$y_A = 4520.671$m；

B：$x_B = 2786.386$m，$y_B = 4472.145$m；

P：$x_P = 2285.834$m，$y_P = 4780.617$m。

按极坐标法计算放样的 β、D_{AP}。

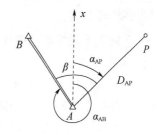

2. 要在 AB 方向测设一条坡度为 $i = 2\%$ 的坡度线，已知 A 点高程为 80.578m，AB 的水平距离为 100m，则 B 点的高程应为多少？

第三篇　专业测量技术

项目九　民用建筑施工测量

学习目标：

知识目标：掌握建筑施工控制测量的方法，掌握建筑物定位与放线的知识。

技能目标：掌握建筑物的基础和墙体施工测量方法，掌握建筑物定位与放线方法。

素质目标：养成主动学习新知识和技能的习惯。

学时建议： 4 学时。

任务导入： 测绘测量的应用面极广，比如建筑、市政、道路、地图制作、卫生遥感等，民用建筑施工测量只是测量应用的一个极小方面。

模块一　建筑基线和建筑方格网

建筑施工测量的原则是：先在施工建筑场地建立统一的平面控制网，再在此基础上测设出各个建筑物。

一、施工平面控制网的建立

1. 布设形式

（1）建筑基线——适用于地势平坦的小型建筑场地。

（2）建筑方格网——适用于地势平坦、建筑物分布较规则的场地。

（3）导线——适用于建筑物分布不规则的场地。

2. 建筑基线的形式及要求

（1）布设形式有："一"字形、"L"形、"十"字形、"T"形。

（2）要求：主轴线方向应与主要建筑物的轴线平行，主轴点不应少于 3 个。

3. 建筑基线的测设方法

（1）根据建筑红线测设（图 9-1）

（2）由建筑红线 123，用直角坐标法放样建筑基线 *ABC*，然后在 *A* 点安置经纬仪，测得角值与 90°之差，应满足要求。

（3）根据测量控制点测设（图 9-2）。（见极坐标放样法）

方法：

①由控制点 1、2、3，极坐标法放样建筑基线 *AOB*。

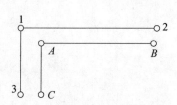

图 9-1　根据建筑红线测设建筑基线

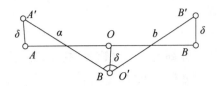

图 9-2　根据测量控制点测设建筑基线

②O 点架仪，测∠AOB 角值与 180°之差，应满足要求。

③用拨角 90°的方法测设短轴线。

4．建筑方格网的测设

（1）按建筑基线测设的方法，先确定主轴线。

（2）采用拨角 90°的方法加密形成方格网。

二、施工高程控制网的建立

高程控制网可分为首级网和加密网。相应水准点分别称基本水准点和施工水准点。

1．基本水准点

一般建筑场地埋设 3 个基本水准点，按三、四等水准测量要求，将其布设成闭合水准路线，其位置应设在不受施工影响之处。

2．施工水准点

施工水准是靠近建筑物，可用来直接测设建筑物的高程，通常设在建筑方格网桩点上。

模块二　建筑物定位与放线

一、测设前的准备工作

（1）熟悉图纸。

（2）总平面图——建筑物总体位置定位的依据。

（3）建筑平面图、基础平面图、基础详细图——施工放线的依据。

（4）立面图、剖面图——高程测设的依据。

（5）现场踏勘，校核平面、高程控制点。

（6）制订测设方案，绘制测设略图，计算测设数据。

二、民用建筑物的定位

1．定义

将建筑物的外廓（墙）轴线交点（简称角桩）测设到地面上，为建筑物的放线及细部放样提供依据。

2．定位方法

（1）直角坐标法或极坐标法定位——有建筑基线、建筑方格网或导线时。

（2）根据已有建筑物定位——无控制网时。

从已建建筑物引出 ab→延长 ab 得建筑基线 cd→拨角、量边得角桩→检查角度和边长，以满足要求。

注意：测设时，要考虑待建的建筑物墙的厚度。

三、民用建筑物的放线

1. 内容

（1）根据定位出的角桩，详细测设建筑物各轴线的交点桩（中心桩）。

（2）延长轴线，撒出基槽开挖白灰线。

2. 延长轴线的方法

（1）龙门板法。适用小型民用建筑，见图9-3。

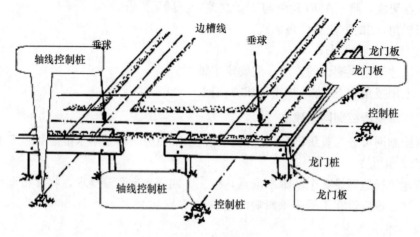

图9-3 龙门板法

（2）引桩法。适用大型民用建筑。

模块三 基础施工测量

一、基槽抄平

建筑施工中的高程测设，又称抄平。为了控制基槽的开挖深度，当快挖到槽底设计标高时，应用水准仪根据地面上±0.000m点，在槽壁上测设一些水平小木桩（称为水平桩），如图9-4所示，使木桩的上表面离槽底的设计标高为一固定值（如0.500m）。

为了施工时使用方便，一般在槽壁各拐角处、深度变化处和基槽壁上每隔3～4m测设一水平桩。水平桩可作为挖槽深度、修平槽底和打基础垫层的依据。

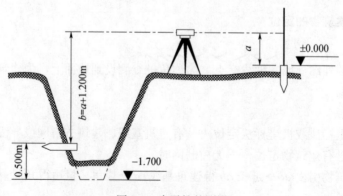

图9-4 水平桩的测设

二、水平桩的测设方法

如图 9-4 所示，槽底设计标高为 $-1.700m$，欲测设比槽底设计标高高 0.500m 的水平桩，测设方法如下：

（1）在地面适当地方安置水准仪，在 $\pm0.000m$ 标高线位置上立水准尺，读取后视读数为 1.318m。

（2）计算测设水平桩的应读前视读数 $b_应$：

$$b_应=a-h=1.318-（-1.700+0.500）=2.518m$$

（3）在槽内一侧立水准尺，并上下移动，直至水准仪视线读数为 2.518m 时，沿水准尺尺底在槽壁打入一小木桩。

三、垫层中线的投测

基础垫层打好后，根据轴线控制桩或龙门板上的轴线钉，用经纬仪或用拉绳挂垂球的方法，把轴线投测到垫层上，如图 9-5 所示，并用墨线弹出墙中心线和基础边线，作为砌筑基础的依据。

由于整个墙身砌筑均以此线为准，这是确定建筑物位置的关键环节，所以要严格校核后方可进行砌筑施工。

四、基础墙标高的控制

房屋基础墙是指 $\pm0.000m$ 以下的砖墙，它的高度是用基础皮数杆来控制的。

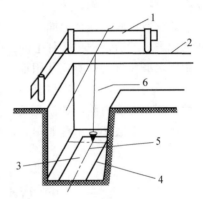

图 9-5　垫层中线的投测
1—龙门板；2—细线；3—垫层
4—基础边线；5—墙中线；6—垂线

（1）基础皮数杆是一根木制的杆子，如图 9-6 所示，在杆上事先按照设计尺寸，将砖、灰缝厚度画出线条，并标明 $\pm0.000m$ 和防潮层的标高位置。

（2）立皮数杆时，先在立杆处打一木桩，用水准仪在木桩侧面定出一条高于垫层某一数值（如 100mm）的水平线，然后将皮数杆上标高相同的一条线与木桩上的水平线对齐，并用大铁钉把皮数杆与木桩钉在一起，作为基础墙的标高依据。

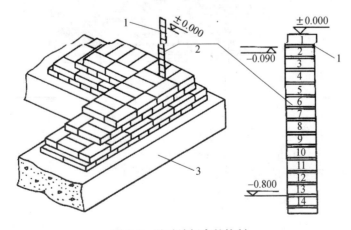

图 9-6　基础墙标高的控制
1—防潮层；2—皮数杆；3—垫层

五、基础面标高的检查

基础施工结束后，应检查基础面的标高是否符合设计要求（也可检查防潮层）。可用水准仪测出基础面上若干点的高程和设计高程比较，允许误差为±10mm。

模块四　墙体施工测量

在墙体砌筑施工中，墙身上各部位的标高通常是用皮数杆来控制和传递的。皮数杆应根据建筑物剖面图画有每块砖和灰缝的厚度，并注明墙体上窗台、门窗洞口、过梁、雨蓬、圈梁、楼板等构件高度位置。在墙体施工中，用皮数杆可以控制墙身各部位构件的准确位置，并保证每批转灰缝厚度均匀，每批砖都处在同一水平面上。皮数杆一般都立在建筑物拐角和隔墙处。

立皮数杆时，先在地面上打一木桩，用水准仪测出±0.000标高位置，并画一横线作为标志；然后，把皮数杆上的±0.000线与木桩上±0.000对齐，钉牢。皮数杆钉好后要用水准仪进行检测，并用垂球来校正皮数杆的垂直。

为了施工方便，采用里脚手架砌砖时，皮数杆应立在墙外侧，如采用外脚手架时，皮数杆应立在墙内侧，如系框架或钢筋混凝土柱间墙时，每层皮数杆可直接画在构件上，而不立皮数杆。示意如图9-7所示。

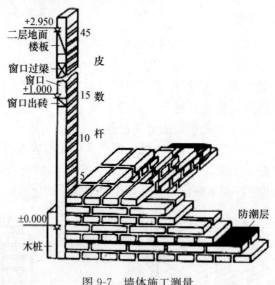

图9-7　墙体施工测量

习题：

1. 设置龙门桩的作用是什么？如何设置？

2. 建筑基础施工过程中要进行哪些测量工作？

3. 建筑基线常用形式有哪几种？

实训操作：

1. 在建筑实训场测设一个十字形基线。

2. 在建筑实训场砌筑高约1m的砖墙。

项目十 道路施工测量

学习目标：

知识目标：了解线路测量的中线测量的原理，了解圆曲线、平曲线的测设原理，掌握平面直角坐标的换算方法。

技能目标：掌握线路测量的中线测量的方法，掌握圆曲线、平曲线的测设方法。

素质目标：养成自主学习、交流沟通、树立终身学习的理念；具有分析问题、解决问题和制订计划、组织协调的工作能力。

学时建议： 8 学时。

任务导入： 条条大路通罗马，但前进的道路是曲折的，那么这些弯曲的公路是怎么进行测量的呢？在高速公路上拐弯时，为了避免离心力过大导致车辆外翻，拐弯处都是修的外高内低，这段路是怎么放样的？本项目将为你解决这些问题。

模块一 中线测量

一、道路工程测量概述

（一）勘测设计测量

1. 初测内容

控制测量，测带状地形图和纵断面图，收集沿线地质水文资料，作纸上定线或现场定线，编制比较方案，为初步设计提供依据。

2. 定测内容

在选定设计方案的路线上进行路线中线测量，测纵断面图、横断面图及桥涵、路线交叉、沿线设施、环境保护等测量和资料调查，为施工图设计提供资料。

（二）道路施工测量

按照设计图纸恢复道路中线、测设路基边桩和竖曲线、工程竣工验收测量。

本项目主要论述中线测量和纵、横断面测量。

二、中线测量

1. 平面线型

由直线和曲线（基本形式有：圆曲线、缓和曲线）组成。

2. 概念

通过直线和曲线的测设，将道路中心线的平面位置测设到地面上，并测出其里程，即测设直线上、圆曲线上或缓和曲线上中桩。

三、交点 JD 的测设

（一）定义

路线的转折点，即两个方向直线的交点，用 JD 来表示。

（二）方法

（1）等级较低公路：现场标定

（2）高等级公路：图上定线→实地放线。

（三）实地放线的方法分类

1. 放点穿线法

放直线点→穿线→定交点。

（1）放点

可用支距法（垂直于导线边的距离）、导线相交法及极坐标法进行。如图 10-1 所示。

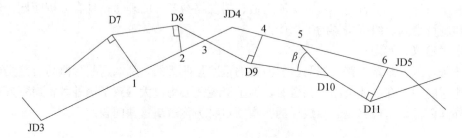

图 10-1　支距法放点

第 1、2、4、6 点用支距法；第 3 点用导线相交法；第 5 点用极坐标法。

（2）穿线

如图 10-2 所示，定出一条尽可能多的穿过或靠近直线上点 P_1、P_2、P_3 的直线 AB。

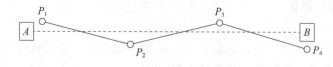

图 10-2　穿线

（3）定交点

将穿出的直线延长，得交点 JD。采用正倒镜分中法：

①在 B 点架仪，盘左瞄准 A，倒镜定 a_1，b_1 点；盘右瞄准 A 点，倒镜定 a_2，b_2 点；取 a_1、a_2 点中点 a，b_1、b_2 点的中点 b。

②同理可定出 CD 方向可定出 c、d 两点。（骑马桩）。

③将线段 ab、cd 相交，得交点 JD，如图 10-3 所示。

2. 拨角放线法——极坐标法

在利用导线点或已测设的 JD，计算测设元素（β，S）—拨角，量边，定出 JD 位置。

四、转点 ZD 的测设

1. 定义

当相邻两交点互不通视时，需要在其连线测设一些供放线、交点、测角、量距时照准之用的点，这样的点称为转点。

2. 方法

在两交点间测设转点、在两交点延长线上测设转点，如图 10-4 所示。

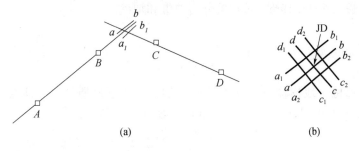

图 10-3　定交点

（1）在两交点间测设转点：

①在 JD_5、JD_6 的大致中间位置 ZD' 架仪。瞄准 JD_5，用正倒镜分中法定出 JD'_6。

②测量出 a、b 距离，有：$e = \dfrac{a}{a+b} f$。

③计算 e 值，在实地量取 e 值，得 ZD 点。

④在 ZD 点架仪，检查三点在一直线上。

（2）在两交点延长线上测设转点

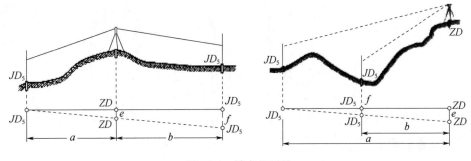

图 10-4　转点的测设

如图 10-4 所示，有：$\dfrac{f}{e} = \dfrac{a-b}{a} \Rightarrow e = \dfrac{a}{a-b} f$

五、转角和分角线的测设

1. 定义

指路线由一个方向偏向另一个方向时，偏转后的方向与原方向的夹角称为转角。当偏转后的方向在原方向的左侧，称为左转角；反之为右转角。

2. 转角的测定

当 $\beta_{左} > 180°$ 时，为右转角，有：$\alpha_y = \beta_{左} - 180°$

当 $\beta_{左} < 180°$ 时，为左转角，有：$\alpha_z = 180° - \beta_{左}$

当 $\beta_{右} < 180°$ 时，为右转角，有：$\alpha_y = 180° - \beta_{右}$

当 $\beta_{右} > 180°$ 时，为左转角，有：$\alpha_z = \beta_{右} - 180°$

3. 分角线的测定

若角度的 2 个方向值为 a、b，则分角线方向 $c = (a+b)/2$。

六、里程桩的设置

里程桩又称中桩，表示该桩至路线起点的水平距离。如：K7＋814.19 表示该桩距路线起点的里程为 7814.19m。里程桩分为整桩和加桩。

1. 整桩

一般每隔 20m 或 50m 设一个。

2. 加桩

分为地形加桩、地物加桩、人工结构物加桩、工程地质加桩、曲线加桩和断链加桩，如：改 K1+100＝K1+080，长链 20m，如图 10-5 所示。

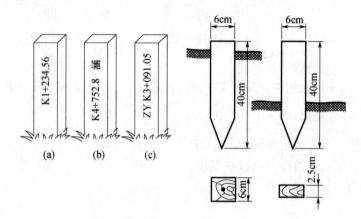

图 10-5　里程桩

模块二　圆曲线测设

圆曲线测设的传统方法：主点测设——详细测设。

一、主点的测设

1. 曲线要素的计算

如图 10-6 所示，若已知：转角 α 及半径 R，则：

切线长：$T=R\tan\dfrac{\alpha}{2}$

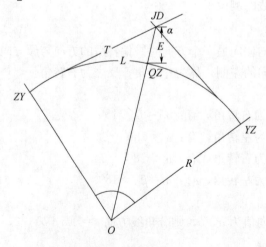

图 10-6　曲线要素

曲线长：$L=R\alpha\dfrac{\pi}{180°}$

外距：$E=R\left(\sec\dfrac{\alpha}{2}-1\right)$

切曲差：$D=2T-L$

2. 主点的测设

（1）主点里程的计算

ZY 里程＝JD 里程－T；

YZ 里程＝ZY 里程＋L；

QZ 里程＝YZ 里程－$L/2$；

JD 里程＝QZ 里程＋$D/2$（用于校核）。

（2）测设步骤

①在 JD_i 架设全站仪，照准 JD_{i-1}，量取 T，得 ZY 点；照准 JD_{i+1}，量取 T，得 YZ 点。

②在等分角线方向量取 E，得 QZ 点。

二、单圆曲线详细测设

按桩距 l 在曲线上设桩，通常用整桩号法和整桩距法，目前公路中线测量中一般采用整桩号法。

圆曲线详细测设的方法很多，下面介绍两种常用的测设方法：

1. 切线支距法

（1）以 ZY 或 YZ 为坐标原点，切线为 X 轴，过原点的半径为 Y 轴，建立坐标系，如图 10-7 所示。

（2）计算出各桩点坐标后，再用经纬仪、钢尺去丈量。

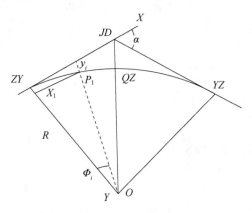

图 10-7 切线支距法

$$x_i=R\sin\varphi_i$$
$$y_i=R（1-\cos\varphi_i）$$

式中　$\varphi_i=\dfrac{l_i\,180°}{R\pi}$　其中 l_i 为各点至原点的弧长（里程）

特点：测点误差不积累；宜以 QZ 为界，将曲线分两部分进行测设。

例 10-1　设某单圆曲线偏角 $\alpha=34°12'00''$，$R=200\mathrm{m}$，主点桩号为 ZY：K4＋

906.90，QZ：K4＋966.59，YZ：K5＋026.28，按每 20m 一个桩号的整桩号法，计算各桩的切线支距法坐标。

解：（1）主点测设元素计算

$$T＝R\tan\frac{\alpha}{2}＝61.53\text{m}$$

$$L＝R\alpha\frac{\pi}{180°}＝119.38\text{m}$$

$$E＝R\left(\sec\frac{\alpha}{2}－1\right)＝9.25\text{m}$$

$$D＝2T－L＝3.68\text{m}$$

（2）主点里程计算

$ZY＝$K4＋906.90；$QZ＝$K4＋966.59；$YZ＝$K5＋026.28；$JD＝$K4＋968.43（检查）

（3）切线支距法（整桩号）各桩要素的计算见表10-1。

表 10-1　切线支距法（整桩号）各桩要素计算表

曲线桩号		ZY（YZ）至桩	圆心角 φ_i	切线支距法坐标	
（m）		的曲线长（m）	小数度（°）	X_i（m）	Y_i（m）
ZYK4＋906.90	4906.9	0	0	0	0
K4＋920	4920	13.1	3.752873558	13.090635	0.428871637
K4＋940	4940	33.1	9.482451509	32.949104	2.732778823
K4＋960	4960	53.1	15.21202946	52.478356	7.007714876
QZK4＋966.59		—	—	—	—
K4＋980	4980	46.28	13.25824338	45.868087	5.330745523
K5＋000	5000	26.28	7.528665428	26.20444	1.724113151
K5＋020	5020	6.28	1.799087477	6.2789681	0.098587899
YZK5＋026.28	5026.28	0	0	0	0

注：表中曲线长 $l_i＝$各桩里程与 ZY 或 YZ 里程之差。

2. 偏角法

分为：长弦偏角法、短弦偏角法。

（1）长弦偏角法

① 计算曲线上各桩点至 ZY 或 YZ 的弦线长 c_i 及其与切线的偏角 Δ_i。

② 再分别架仪于 ZY 或 YZ 点，拨角、量边，见图10-8。

$$\Delta_i＝\frac{\varphi_2}{2}＝\frac{l_i}{R}\cdot\frac{90°}{\pi}$$

$$c_i＝2R\sin\Delta_i \text{ 或展开为 } c_i＝l_i－\frac{l_i^3}{24R^2}＋\cdots$$

特点：测点误差不积累；宜以 QZ 为界，将曲线分两部分进行测设。

（2）短弦偏角法。

与长弦偏角法相比，短弦偏角法有如下特点：

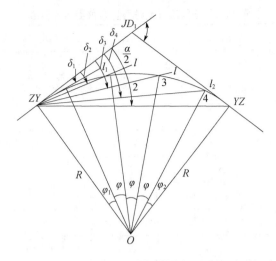

图 10-8　长弦偏角法

①偏角 Δ_i 相同；

②计算曲线上各桩点间弦线长 c_i；

③架全站仪于 ZY 或 YZ 点，拨角、依次在各桩点上在量边，相交后得中桩点。

此外还有极坐标法、弦线支距法、弦线偏距法。

例 10-2　详细测设单圆曲线，如图 10-9 所示，已知圆曲线的 $R=200\mathrm{m}$，$\alpha=15°$，交点 JD_i 里程为 K10＋110.88m，试按每 10m 一个整桩号，来阐述该圆曲线的主点及偏角法整桩号详细测设的步骤。

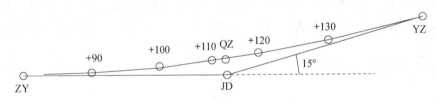

图 10-9　例 10-2 用图

解：（1）主点测设元素计算

$$T=R\tan\frac{\alpha}{2}=26.33\mathrm{m}$$

$$L=R\alpha\frac{\pi}{180°}=52.36\mathrm{m}$$

$$E=R\left(\sec\frac{\alpha}{2}-1\right)=1.73\mathrm{m}$$

$$D=2T-L=0.3\mathrm{m}$$

（2）主点里程计算

$ZY=\mathrm{K}10+84.55$；$QZ=\mathrm{K}10+110.73$；$YZ=\mathrm{K}10+136.91$；$JD=\mathrm{K}10+110.88$（检查）

（3）偏角法（整桩号）各桩要素的计算见表 10-2。

表 10-2　偏角法（整桩号）各桩要素计算表

桩号	曲线长 l_i	偏角值 Δ_i	偏角读数	弦长 c_i（长弦法）
ZYK10＋84.55	0	0 00 00	00000	0
K10＋90	5.45	0 46 50	359 13 10	5.45
K10＋100	15.45	2 12 47	357 47 13	15.45
K10＋110	25.45	3 38 44	356 21 16	25.43
QZK10＋110.73				
K10＋120	16.91	2 25 20	2 25 20	16.91
K10＋130	6.91	0 59 23	0 59 23	6.91
YZK10＋136.91	0	0 00 00	0 00 00	0

注：l_i＝各桩里程与 ZY 或 YZ 里程之差；$\Delta_i = \frac{\varphi_2}{2} = \frac{l_i}{R} \cdot \frac{90°}{\pi}$；$c_i = 2R\sin\Delta_i$。

模块三　缓和曲线测设

一、概念及基本公式

1. 概念

为缓和行车方向的突变和离心力的突然产生与消失，需要在直线（超高为 0）与圆曲线（超高为 h）之间插入一段曲率半径由无穷大逐渐变化至圆曲线半径的过渡曲线（使超高由 0 变为 h），此曲线为缓和曲线（图 10-10）。主要有回旋线、三次抛物线及双纽线等。

2. 回旋型缓和曲线基本公式

$$\rho = \frac{c}{l} \quad \text{其中 } c = Rl_5$$

式中　l_5——缓和曲线全长。

（1）切线角公式

$$\beta = \frac{l^2}{2c} = \frac{l^2}{2Rl_5}$$

式中　β——缓和曲线长 l 所对应的中心角。

（2）缓和曲线角公式

$$\beta_0 = \frac{l_5}{2R} \cdot \frac{180°}{\pi}$$

式中　β_0——缓和曲线全长 l_5 所对应的中心角亦称缓和曲线角。

（3）缓和曲线的参数方程

$$\begin{cases} x = l - \dfrac{l^5}{40R^2 l_5^2} \\ y = \dfrac{l^3}{6Rl_5} - \dfrac{l^7}{336R^3 l_5^3} \end{cases}$$

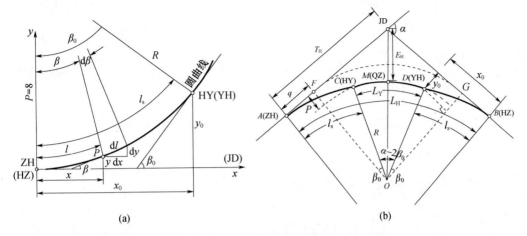

图 10-10 回旋型缓和曲线

（4）圆曲线终点的坐标

$$\begin{cases} x_0 = l_5 - \dfrac{l_5^3}{40R^2} \\ y_0 = \dfrac{l_5^2}{6R} \end{cases}$$

二、主点的测设

1. 测设元素的计算

（1）内移距 p 和切线增长 q 的计算

$$p = \frac{l_5^2}{24R}$$

$$q = \frac{l_5}{2} - \frac{l_5^3}{240R^2}$$

（2）切线长 $T_H = (R+p)\tan\dfrac{\alpha}{2} + q$

曲线长 $L_H = R(\alpha - 2\beta_0)\dfrac{\pi}{180°} + 2l_5$，其中圆曲线长 $L_Y = R(\alpha - 2\beta_0)\dfrac{\pi}{180°}$

外距 $E_H = (R+p)\sec\dfrac{\alpha}{2} - R$；切曲差 $D_H = 2T_H - L_H$

2. 主点的测设

（1）里程的计算

$ZH = JD - TH$；$HY = ZH + l_s$；$QZ = ZH + LH/2$；$HZ = ZH + LH$；$YH = HZ - l_s$

（2）测设方法：

例 10-3 如图 10-11 所示，设某公路的交点桩号为 K10＋518.66，右转角 $\alpha_y = 18°18'36''$，圆曲线半径 $R = 100$m，缓和曲线长 $l_s = 10$m，试测设主点桩。

解：（1）计算测设元素

$p = 0.04$m；$q = 5.00$m；$\beta_0 = \dfrac{l_5}{2R} \cdot \dfrac{180°}{\pi} = 2°51'53''$

$$\begin{cases} x_0 = l_s - \dfrac{l_s^3}{40R^2} = 10.00\text{m} \\ y_0 = \dfrac{l_s^2}{6R} = 0.17\text{m} \end{cases}$$

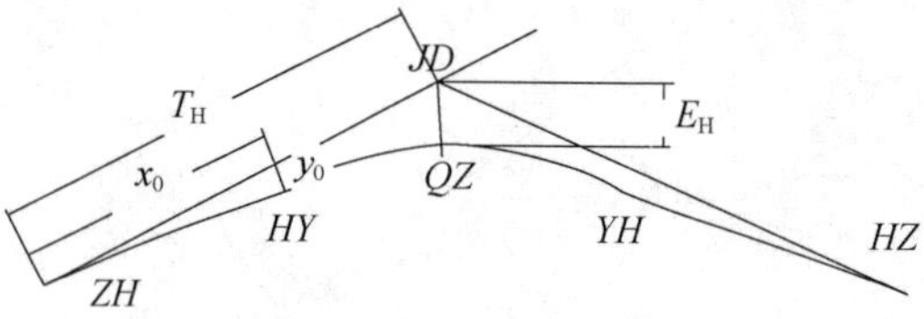

$$T_H = (R+p)\tan\frac{\alpha}{2} + q = 21.12\text{m}$$

$$L_H = R(\alpha - 2\beta_0)\frac{\pi}{180°} + 2l_5$$

$$= 41.96\text{m}$$

图 10-11　例 10-3 用图

$$E_H = (R+p)\sec\frac{\alpha}{2} - R; \; = 1.33\text{m}$$

（2）计算里程

$ZH = K10+497.54$；$HY = K10+507.54$；$QZ = K10+518.52$；$HZ = K10+539.50$；$YH = K10+529.50$

（3）主点测设

1. 架全站仪 JD_i，后视 JD_{i+1}，量取 TH，得 ZH 点；后视 JD_{i+1}，量取 TH，得 HZ 点；在分角线方向量取 EH，得 QZ 点。

2. 分别在 ZH、HZ 点架仪，后视 JD_i 方向，量取 x_0，再在此方向垂直方向上量取 y_0，得 HY 和 YH 点。

三、带有缓和曲线的圆曲线详细测设

1. 切线支距法

（1）当点位于缓和曲线上，有：

$$\begin{cases} x = l - \dfrac{l^5}{40R^2 l_5^2} \\ y = \dfrac{l^3}{6Rl_5} - \dfrac{l^7}{336R^3 l_5^3} \end{cases}$$

（2）当点位于圆曲线上，有：

$$\begin{cases} x = R\sin\varphi + q \\ y = R(1-\cos\varphi) + q \end{cases}$$

其中，$\varphi = \dfrac{l-l_5}{R} \cdot \dfrac{180°}{\pi} + \beta_0$，$l$ 为点到坐标原点的曲线长。

2. 偏角法（整桩距、短弦偏角法）

（1）如图 10-12 所示，当点位于缓和曲线上，有：

总偏角（常量）$\delta_0 = \dfrac{l_5}{6R}$；偏角 $\delta = \dfrac{l^2}{l_5^2}\delta_0$

距离：用曲线长 l 来代替弦长。放样出第 1 点后，放样第 2 点时，用偏角和距离 l 交会得到。

（2）当点位于圆曲线上

方法：架全站仪于 HY（或 YH），后视 ZH（或 HZ），拨角 b_0，即找到了切线方向，再按单圆曲线偏角法进行。

$$b_0 = 2\delta_0 = \frac{l_5}{3R}$$

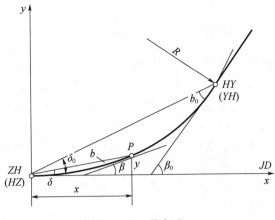

图 10-12 偏角法

此外还有极坐标法、弦线支距法、长弦偏角法。

模块四 平面直角坐标的换算

如图 10-13 所示，设 $(X_P，Y_P)$ 为点 P 在国家控制网坐标系中的坐标，$(x_P，y_P)$ 为 P 在工程坐标系中的坐标，$(X_0，Y_0)$ 为工程独立坐标系原点 O 在国家控制网坐标系下的坐标。$\Delta\alpha$ 为两坐标纵轴的夹角，如果一条边 PM 在国家坐标系中的方位角为 A，而在工程独立坐标系中的坐标方位角为 α，则 $\Delta\alpha = A - \alpha$。

当由工程坐标换算到国家坐标时，其换算公式为

$$X_P = X_0 + x_P \cos\Delta\alpha - y_P \sin\Delta\alpha$$
$$Y_P = Y_0 + x_P \sin\Delta\alpha - y_P \cos\Delta\alpha$$

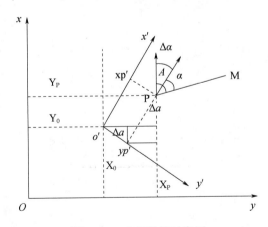

图 10-13 坐标转换示意图

习题：

1. 道路施工测量包括哪些内容？

2. 道路中线测量包括哪些内容？如何进行？

3. 设圆曲线半径 500m，$\alpha_{左} = 47°38'$，交点 JD 的桩号为 K5+536.75，试计算曲线

元素及主点的桩号。

实训操作:

1. 已知某道路曲线第一切线上控制点 ZD_1（500，500）和 JD_1（750，750），该曲线设计半径 $R=1000$m，缓和曲线长 $L_0=100$m（l_0 即为 ls），JD_1 里程为 K1+300，转向角 $\alpha_{\text{右}}=23°03'38''$。请计算控制点 ZD_1 与 JD_1 之间的距离，计算缓和曲线切线角 β_0、切垂距 m、内移值 p、切线增长值 q，计算切线长 T_H、曲线长 L_H、外矢距 E_H、切曲差 D_H，计算道路曲线主点直缓点 ZH、缓圆点 HY、曲中点 QZ、缓直点、圆缓点的里程，计算道路曲线主点直缓点 ZH、缓圆点 HY、曲中点 QZ、第一缓和曲线和圆曲线上中桩点 K1+100、K1+280 的坐标。然后放样 ZH、HY、QZ 点的位置。

项目十一 地形图的测绘

学习目标:

知识目标:了解地形图的有关知识,了解数字化测图的有关方法。

技能目标:掌握数字化测图的方法,掌握全站仪、GPS在数字化测图中的使用方法。

素质目标:养成自主学习、交流沟通、树立终身学习的理念;具有分析问题、解决问题和制订计划、组织协调的工作能力。

学时建议:6学时。

任务导入:地形图和地图是我们日常生活中经常用的工具,包括纸质版和电子版,相信大家的手机里都有一款导航软件,这些图是怎么来的呢? 本项目将为你解决这些问题。

模块一 地形图的基本知识

一、地形图

地面上自然形成或人工修建的有明显轮廓的物体称为地物,如道路、桥梁、房屋、耕地、河流、湖泊等。地面上高低起伏变化的地势,称为地貌,如平原、丘陵、山头、洼地等。地物和地貌合称为地形。

地形图是把地面上的地物和地貌形状、大小和位置,采用正射投影方法,运用特定符号、注记、等高线,按一定比例尺缩绘于平面的图形。它既表示了地物的平面位置,也表示了地貌的形态。如果图上只反映地物的平面位置,不反映地貌的形态,则称为平面图。将地球上的自然、社会、经济等若干现象,按一定的数学法则并采用制图综合原则绘成的图,称为地图。

地形图上详细地反映了地面的真实面貌,人们可以在地形图上获得所需要的地面信息,例如:某一区域高低起伏、坡度变化、地物的相对位置、道路交通等状况,可以量算距离、方位、高程,了解地物属性。

二、比例尺

地形图上某一直线段的长度 d 与地面相应距离的水平投影长度 D 之比,称地形图比例尺。地形图比例尺可分为数字比例尺和直线比例尺(图示比例尺)。

1. 数字比例尺

数字比例尺以分子为1、分母为正整数的分数表示,即:

$$\frac{d}{D} = \frac{1}{\dfrac{D}{d}} = \frac{1}{M} \tag{11-1}$$

式中 M——比例尺分母。

如1/500、1/1000、1/2000 等,一般书写为比例式形式,如 1:500、1:1000、1:2000等。

当图上两点距离为 1cm 时,实地距离为 10m,该图比例尺为 1:1000;若图上 1cm

119

代表实地距离为 5m，该图比例尺为 1：500。分母愈大，比例尺愈小。反之分母愈小，比例尺愈大。比例尺的分母代表了实际水平距离缩绘在图上的倍数。

例 11-1　在比例尺为 1：1000 的图上，量得两点间的长度为 2.8cm，求其相应的水平距离？

解：$D = Md = 1000 \times 0.028 = 28$m

例 11-2　实地水平距离为 88.6m，试求其在比例尺为 1：2000 的图上相应长度？

解：$d = \dfrac{D}{M} = \dfrac{88.6\text{m}}{2000} = 0.044$m

2. 直线比例尺

使用中的地形图，经长时间存放，将会产生伸缩变形，如果用数字比例尺进行换算，其结果包含着一定的误差。因此绘制地形图时，用图上线段长度表示实际水平距离的比例尺，称为直线比例尺。如图 11-1 所示，直线比例尺由两条平行线构成，在直线上 O 点右端为若干个 2cm 长的线段，这些线段称为比例尺的基本单位。最左端的一个基本单位分为十等份，以便量取不足整数部分的数。在右分点上注记的 O 向左及向右所注记数字表示按数字比例尺算出的相应实际水平距离。使用时，直接用图上的线段长度与直线比例尺对比，读出实际距离长度，不必要进行换算，还可以避免由图纸伸缩变形产生的误差。

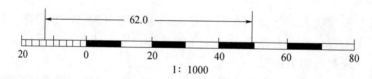

图 11-1　直线比例尺

三、比例尺的精度

人们用肉眼在图上能分辨的最小距离为 0.1mm，因此地形图上 0.1mm 所代表的实际水平距离称为比例尺精度，即：

$$比例尺精度 = 0.1\text{mm} \times M \tag{11-2}$$

式中　M——比例尺分母。

比例尺大小不同，其尺精度就不同，常用大比例尺地形图的比例尺精度如表 11-1 所示。

比例尺精度的概念有两个作用：一是根据比例尺精度，确定实测距离应准确到什么程度，例如：选用 1：2000 比例尺测地形图时，比例尺精度为 $0.1 \times 2000 = 0.2$m，测量实际距离最小为 0.2m，小于 0.2m 的长度，图上就无法表示出来；二是按照测图需要表示的最小长度来确定采用多大的比例尺地形图。例如，要在图上表示出 0.5m 的实际长度，则选用的比例尺应不小于 $0.1/(0.5 \times 1000) = 1/5000$。

表 11-1　大比例尺地形图的比例尺精度

比例尺	1：500	1：1000	1：2000	1：5000	1：10000
比例尺精度/m	0.05	0.1	0.2	0.5	1

四、比例尺的分类

地形图比例尺通常分为大、中、小三类。

通常把 1：500～1：10000 比例尺的地形图称为大比例尺，1：25000～1：100000 比例尺的地形图称为中比例尺，1：20 万～1：100 万比例尺的地形图称为小比例尺。

五、地物符号

为了清晰、准确地反映地面真实情况，便于读图和应用地形图，在地形图上，地物用国家统一的图式符号表示，地形图的比例尺不同，各种地物符号的大小详略各有不同。如表 11-2 为原国家测绘总局颁布实施的统一比例尺地形图图式。

表 11-2 地形图图示符号

编号	符号名称	图　例	编号	符号名称	图　例
1	三角点		12	小三角点	
2	导线点	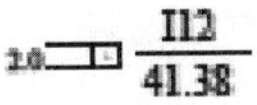	13	水准点	
3	普通房屋	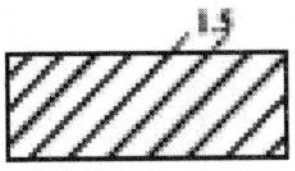	14	高压线	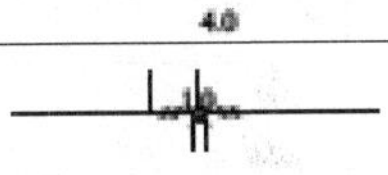
4	水　池	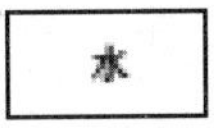	15	低压线	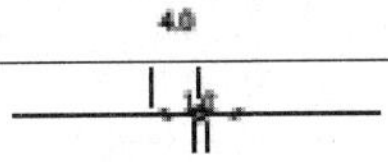
5	村　庄	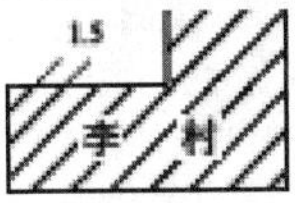	16	通讯线	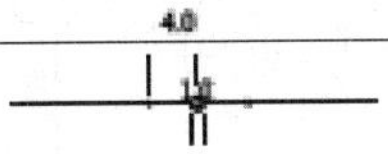
6	学　校		17	砖石及混凝土围墙	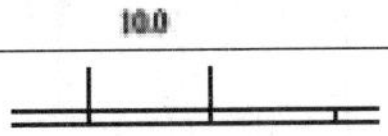
7	医　院		18	土　墙	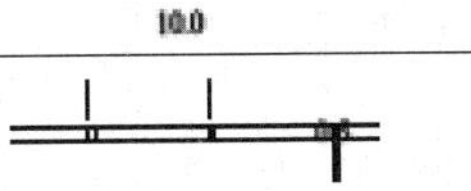
8	工　厂		19	等高线	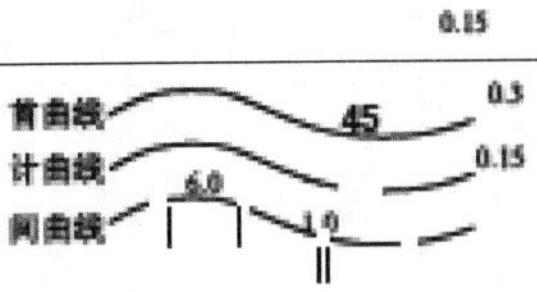
9	坟　地	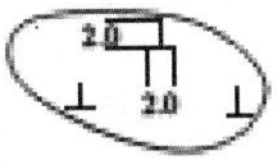	20	梯田坎	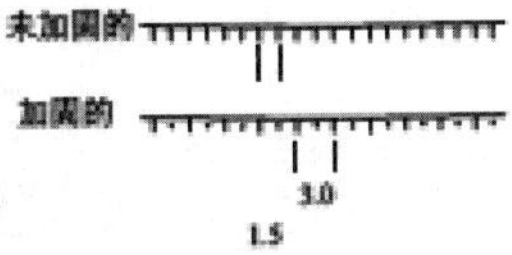
10	宝　塔		21	垄	
11	水　塔	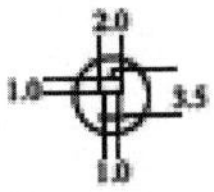	22	独立树	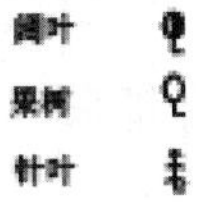

编号	符号名称	图 例	编号	符号名称	图 例
23	公 路		34	路 堤	
24	大车路		35	土 堤	
25	小 路		36	人工沟渠	
26	铁 路		37	输水槽	
27	隧 道		38	水 闸	
28	挡土墙		39	河流溪流	
29	车行桥		40	湖泊池塘	
30	人行桥		41	地类界	
31	高架公路		42	经济林	
32	高架铁路		43	水稻田	
33	路堑		44	旱 地	

　　归纳起来，表示地物的符号有依比例符号、非比例符号、半依比例符号和地物注记。

1. 依比例符号

地物的形状和大小，按测图比例尺进行缩绘，使图上的形状与实地形状相似，称为依比例符号。如房屋、居民地、森林、湖泊等。依比例符号能全面反映地物的主要特征、大小、形状、位置，是根据实际地物的大小，按比例尺缩绘于图上。

2. 非比例符号

当地物过小，不能按比例尺绘出时，必须在图上采用一种特定符号表示，如三角点、水准点、独立树、里程碑等，仅表示其位置，这种符号称为非比例符号。如独立树、测量控制点、井、亭子、水塔等。非比例符号多表示独立地物，能反映地物的位置和属性，不能反映其形状和大小。

3. 半依比例符号

地物的长度按比例尺表示，则宽度不能按比例尺表示的狭长地物符号，称半依比例符号或线形符号。其可用一条与实际走向一致的线条表示，如电线、管线、小路、铁路、围墙等，这种符号能反映地物的长度和位置。

4. 地物注记

对于地物除了应用以上符号表示外，用文字、数字和特定符号对地物加以说明和补充，称为地物注记。如道路、河流、学校的名称，楼房层数、点的高程、水深、坎的比高等。

六、地貌的表示方法

地面上各种高低起伏的自然形态，在图上常用等高线表示的方法即地貌的表示方法。

（一）等高线的概念

等高线是指地面上高程相等的相邻各点所连成的封闭曲线。如图 11-2 所示，用一组高差间隔（h）相同的水平面（p）与山头地面相截，其水平面与地面的截线就是等高线，按比例尺缩绘于图纸上，加上高程注记，就形成了表示地貌的等高线图。

表示地貌的符号通常用等高线。用等高线来表示地貌，除能表示出地貌的形态外，还能反映出某地面点的平面位置及高程和地面坡度等信息。

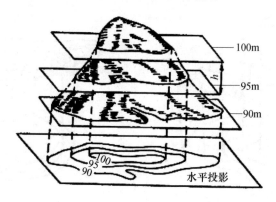

图 11-2 用等高线表示地貌的方法

（二）等高距和等高线平距

如图 11-2 所示，地形图上相邻等高线的高差，称等高距，也称等高线间隔，同一幅图中等高距相同。相邻等高线之间的水平距离 d，称等高线平距。同一幅图中平距越小，说明地面坡度越陡，平距越大，说明地面坡度越平缓。

（三）等高线的分类

为了更详细地反映地貌的特征和便于读图和用图，地形图常采用以下几种等高线，如图 11-3 所示。

1. 基本等高线

又称首曲线，是按基本等高距绘制的等高线，用细实线表示。

2. 加粗等高线

又称计曲线，以高程起算面为 0m 等高线计，每隔四根首曲线用粗实线描绘的等高线。计曲线标注高程，其高程应等于五倍的等高距的整倍数。

3. 半距等高线

又称间曲线，是当首曲线不能显示地貌特征时，按二分之一等高距描绘的等高线。间曲线用长虚线描绘。

4. 辅助等高线

又称助曲线，是当首曲线和间曲线不能显示局部微小地形特征时，按四分之一等高距加绘的等高线。助曲线用短虚线描绘。

图 11-3　等高线的分类

七、基本地貌的等高线

（一）用等高线表示的基本地貌

1. 山头和洼地

图 11-4（a）是山头等高线的形状，图 11-4（b）是洼地等高线的形状，两种等高线均为一组闭合曲线，形状完全一样，需要根据示坡线来判断是山头还是洼地，示坡线是指等高线上向下坡的短线。

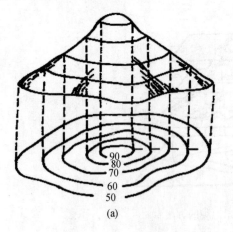
(a)

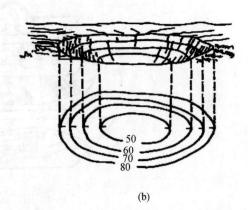
(b)

图 11-4　山丘与洼地

2. 山脊和山谷

山脊是山的凸棱沿着一个方向延伸隆起的高地，山脊的最高棱线，称为山脊线，又称为分水线，等高线的形状如图 11-5（a）所示，是凸向低处。山谷是两山脊之间的凹部，谷底最低点的连线，称为山谷线，又称为集水线，等高线的形状如图 11-5（b）所示，是凸向高处。

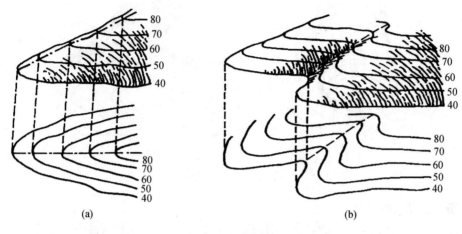

图 11-5　山脊和山谷

3. 阶地

山坡上出现较平坦地段。

4. 鞍部

相邻两个山顶之间的低洼处形似马鞍状，称为鞍部，又称垭口。其等高线的形状如图 11-6 所示，是一圈大的闭合曲线内套有两组相对称、且高程不同的闭合曲线。

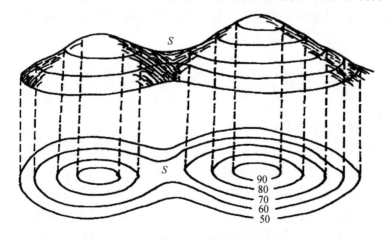

图 11-6　鞍部

（二）用地貌符号表示的基本地貌

除上述用等高线表示的基本地貌外，还有不能用等高线表示的特殊地貌，例如峭壁、冲沟、梯田等。

1. 峭壁

山坡坡度 70°以上，难以攀登的陡峭崖壁称为峭壁（陡崖），由于等高线过于密集且不规则，用图 11-7（a）符号表示。

2. 悬崖

悬崖是角度垂直甚至伸出的暴露岩石，是一种被侵蚀、风化的地形。悬崖常见于海岸、河岸、山区、断崖里，用图 7-11（b）符号表示。

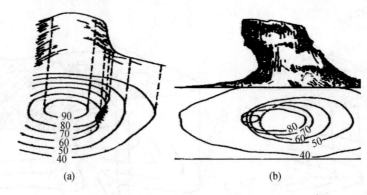

(a)　　　　　　　　　　　(b)

图 11-7　峭壁与悬崖

（三）等高线的特性

（1）在同一条等高线上的各点，其高程必然相等。但高程相等的点不一定都在同一条等高线上。

（2）凡等高线必定为闭合曲线，不能中断。闭合圈有大有小，若不在本幅图内闭合，则在相邻其他图幅内闭合。

（3）在同一幅图内，等高线密集表示地面的坡度陡，等高线稀疏表示地面坡度缓，等高线平距相等，地面坡度均匀。

（4）山脊、山谷的等高线与山脊线、山谷线呈正交。

（5）一条等高线不能分为两根，不同高程的等高线不能相交或合并为一根，在陡崖、陡坎等高线密集处用专用符号表示。

模块二　大比例尺数字化测图

一、数字化测图的概念及特点

数字化测图（Digital Surveying Mapping，简称 DSM）是近 20 年发展起来的一种全新的测绘地形图的方法。从广义上说，数字化测图应包括：利用全站仪、GPS 或其他测量仪器进行野外数字化测图，利用数字化仪或扫描数字化仪对传统方法测绘的原图进行数字化，以及借助解析测图仪或立体坐标量测仪对航空摄影、遥感像片进行数字化的测图等技术。利用上述技术将采集到的地形数据传输到计算机，并由功能齐全的成图软件进行数据处理、成图显示，再经过编辑、修改，生成符合国标的地形图。最后将地形数据和地形图分类建立数据库，并用数控绘图仪或打印机完成地形图和相关数据的输出。

上述以计算机为核心，在外连输入、输出硬件设备和软件的支持下，对地形空间数据进行采集、传输、处理编辑、入库管理和成图输出的整个系统，称之为自动化数字测图系统。

数字化测图利用计算机辅助绘图减轻了测绘人员的劳动强度，保证了地形图绘制质量，提高了绘图效率。更重要的是，由计算机进行数据处理，可以直接建立数字地面模型和电子地图，为建立地理信息系统提供可靠的原始数据，供国家、城市和行业部门的现代化管理以及工程设计人员进行计算机辅助设计（CAD）使用。提供地图数字图像等信息资料已成为政府管理部门和工程设计、建设单位必不可少的工作，正越来越受到各行各业的普遍重视。

数字化测图技术在野外数据采集工作的实质是解析法测定地形点的三维坐标，是一种先进的地形图测绘方法，与图解法传统地形测绘方法相比，其优点非常明显，主要表现在以下几个方面：

（1）自动化程度高。

（2）精度高。

（3）便于地形图的检查、修测和更新。

二、野外数字化数据采集方法

1. 数据采集的作业模式

数字化测图的野外数据采集作业模式主要有野外测量记录、室内计算机成图的数字测记模式和野外数字采集、便携式计算机实时成图的电子平板测绘模式。

一般利用全站仪或 GPS 在野外对地形测量数据进行数据采集，也可采用普通测量仪器施测、手工键入实测数据。其数据采集的原理与普通测量方法类似，所不同的是全站仪或 GPS 不但可测出碎部点至已知点间的距离和角度，而且还可直接测算出碎部点的坐标，并自动记录。

2. 地形信息的编码

由于数字化测图采集的数据信息量大、内容多、涉及面广，只有数据和图形应一一对应，构成一个有机的整体，它才具有广泛的使用价值。因此，必须对其进行科学的编码。编码的方法是多种多样的，但不管采用何种编码方式，均应遵循以下原则：

（1）一致性。用全站仪或 GPS 在野外采集的碎部点坐标数据，在绘图时要能唯一地确定一个点，并在绘图时符合图式规范。

（2）灵活性。编码结构要充分灵活，以适应多用途数字测图的需要，在地理信息管理和规划、建筑设计等后续工作中，为地形数据信息编码的进一步扩展提供方便。

（3）简易实用性。容易为野外作业和图形编辑人员理解、接受和记忆，并能正确、方便地使用。

（4）高效性能。以尽量少的数据量容载尽可能多的外业地形信息。

（5）可识别性。编码一般由字符、数字或字符与数字组合而成，设计的编码不仅要求能够被人识别，还要求能被计算机用较少的机时加以识别，并能有效地对其管理。

在遵循编码原则的前提下，应根据数据采集使用的仪器、作业模式及数据的用途统一设计地形信息编码。

3. 碎部测量的步骤

（1）测图前准备工作

测图前，必须按规范检验所使用的测量仪器，安装、调试好所使用的电子手簿（或便携机）及数字化测图软件，并通过数据接口传输或按菜单提示键盘输入图根控制点的点号、平面坐标（X，Y）和高程（H）。

（2）测站设置与检核

将全站仪或 GPS 安置在测站点上，经对中、整平后量取仪器高；连接电子手簿或便携式计算机，启动野外数据采集软件，按菜单提示从键盘输入测站信息，如测站点号、后视点点号、检核点点号及测站仪器高等。

（3）碎部点的信息采集

数字化测图野外数据采集的方式可根据实测条件和测区具体情况来选择，使用全站仪时可采用极坐标法、勘丈支距法、距离交会法和方向交会法，使用 GPS 时可直接采集点位的三维信息。

4．地形图的处理与输出

绘制出清晰、准确、符合标准的地形图是大比例尺数字化地形测量工作的主要目的之一，因此对图形的处理和输出也就成为数字化测图系统中不可缺少的重要组成部分。野外采集的地物和地貌特征点信息，经过数据处理之后形成了图形数据文件。其数据是以高斯直角坐标的形式存放的，而图形输出无论是在显示器上显示图形，还是在绘图仪上自动绘图，都存在一个坐标转换的问题。另外，图形的截幅、绘图比例尺的确定、图式符号注记及图廓整饰等，都是计算机绘图不可缺少的内容。

三、数字化测图的软件简介

数字化测图需要数字化测图软件支持。数字化测图软件有很多，各测绘公司（如南方公司的 CASS 软件）及全国很多大中专院校（如清华山维 EPSW）都有自己的数字化测图软件，不同的软件各有其不同的特点，但基本功能大同小异。现在市场常用的是南方公司 CASS9.0 软件，CASS 地形地籍成图软件广泛应用于地形成图、地籍成图、工程测量应用、空间数据建库等领域，具体使用方法参见专门的 CASS 使用手册。

习题：

1．什么是比例尺精度？它在测绘工作中有何作用？

2．地物符号有几种？各有何特点？

3．等高线有哪些基本特征？

实训操作：

使用全站仪和 GPS 对音乐广场进行数据采集用绘制 1：500 地形图。

附　　录

附件1：校园内控制点位图

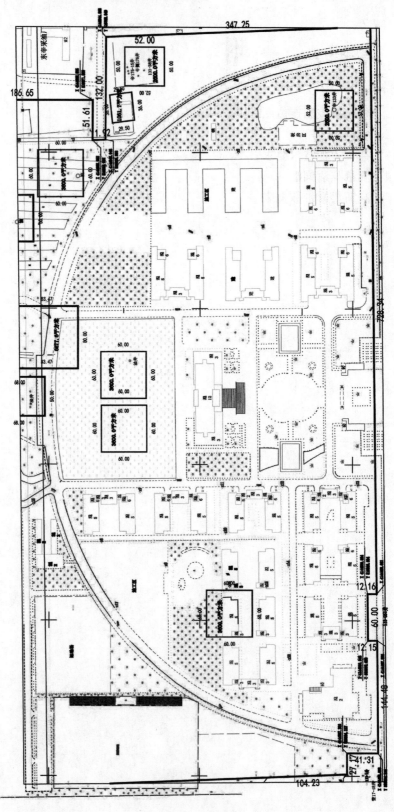

附件 2：实训用表格

表 1　水准测量记录表

测站	点号	水准尺读数（m）		高差	平均高差（m）	高差改正数（mm）	改正后高差（m）	高程（m）
		后视	前视					
	求和							
	计算检核							

表2 四等水准测量观测记录表

组别（抽签号）：　　　　　观测者：　　　记录者：　　　成像：

仪器型号：　　　　　日　期：　　　年　月　日

测站编号	点号	后尺 上丝		前尺 下丝		方向及尺号	中丝读数		黑+K—红（mm）	高差中数（m）	备注
		下丝		上丝			黑面（m）	红面（m）			
		后视距（m）		前视距（m）							
		视距差（m）		累加差（m）							
						后					
						前					
						后—前					
						后					
						前					
						后—前					
						后					
						前					
						后—前					
						后					
						前					
						后—前					
						后					
						前					
						后—前					
						后					
						前					
						后—前					

裁判（签字）：

表3 四等水准测量成果计算表

组别（抽签号）：　　　　计算者：　　　　　时间：　　年　月　日

点名	距离 （m）	观测高差 （m）	改正数 （m）	改正后高差 （m）	高　程 （m）
					已知点
					已知点
Σ					

辅助计算：$f_h=$　　　　　　$f_{h允}=\pm 20\sqrt{L}=$

注：1. 距离取位至0.01km，测段高差、改正数及点之高程取位至1mm。

　　2. 采用路线长度进行高差闭合差的分配。

　　3. 计算$f_{h允}=\pm 20\sqrt{L}$时，L小于1km时，按1km计。

比赛用时：

始：　时　分　秒　　　　　　　终：　时　分　秒

总用时：

　　　　　　　　　　　　　　裁判（签字）：

表4 测回法水平角观测记录表

组别（抽签号）： 观测者： 记录者：

仪器型号： 日 期： 年 月 日

测站	竖盘位置	目标	水平度盘读数 ° ′ ″	半测回角值 ° ′ ″	一测回角值 ° ′ ″	各测回平均角值	备注

表5 竖直角观测记录表

组别（抽签号）： 观测者： 记录者：

仪器型号： 日 期： 年 月 日

测站	目标	盘位	竖盘读数 ° ′ ″	半测回竖直角 ° ′ ″	指标差 （″）	一测回竖直角 ° ′ ″	备注

表6 导线测量观测记录表

组别（抽签号）：　　　　　观测者：　　　　　记录者：

仪器型号：　　　　　　　　　　　　日　期：　　年　月　日

测站	盘位	目标	水平度盘读数 ° ′ ″	半测回角值 ° ′ ″	一测回角值 ° ′ ″	距离测量（m）
						边名： 第一次读数： 第二次读数： 第三次读数： 平均值：
						边名： 第一次读数： 第二次读数： 第三次读数： 平均值：
						边名： 第一次读数： 第二次读数： 第三次读数： 平均值：
						边名： 第一次读数： 第二次读数： 第三次读数： 平均值：
						边名： 第一次读数： 第二次读数： 第三次读数： 平均值：
						边名： 第一次读数： 第二次读数： 第三次读数： 平均值：

注：角度取位至1秒。

裁判（签字）：

表 7 导线坐标计算表

点号	观测角值 ° ′ ″	改正数 ″	改正后的角值 ° ′ ″	坐标方位角 ° ′ ″	距离 (m)	坐标增量		改正后的坐标增量		坐标值		点号
						$\Delta x(m)$	$\Delta y(m)$	$\Delta \hat{x}(m)$	$\Delta \hat{y}(m)$	$\Delta \hat{x}(m)$	$\Delta \hat{y}(m)$	
Σ												
辅助计算	$f_\beta=$ $f_D=$ $f_{\beta允}$		$f_x=$ $K_D=$		$f_y=$				导线略图			

136

附件3：往年省赛技术要求

2017年"技能兴鲁"职业院校技能大赛工程测量赛项规程

一、赛项名称：

山东省测绘地理信息职业技能竞赛

二、竞赛内容与时间

（一）竞赛内容

1. 理论知识考试

理论知识考试试卷命题以工程测量专业人才培养要求为基础，结合《工程测量员国家职业标准》中级技能的知识要求，适当增加新技术、新技能等相关内容。

2. 技能操作考核

技能操作考核包括两个项目：三级导线测量和四等水准测量。

技能操作，将根据观测、记录、数据处理等的操作规范性、协调性、完成速度、外业观测和计算成果精度质量等进行评分。

（二）竞赛时间

1. 理论考试规定用时为60分钟；

2. 四等水准测量观测、计算规定总用时为60分钟；

3. 三级导线测量观测、计算规定总用时为60分钟。

三、竞赛方式

本次竞赛实操以团队方式进行，参赛选手必须是中、高职学校2017年度在籍学生。每个参赛学校组成一个代表队，设领队1名、指导教师1名，每个代表队由2个参赛小组组成，每个小组由4名选手组成，每组至少有1名女生。

理论考试采取书面闭卷形式，参赛选手在规定时间内独立完成答题任务。

四、竞赛试题

理论考试由主办单位在试题库中随机抽取。技能考核试题为：四等水准测量和三级导线测量。

五、竞赛规则

1. 每个参赛组4名选手必须分别独立完成规定的理论考试；四等水准测量每人独立观测一测段，记录一测段（并完成相应测段高差计算），现场进行平差计算；三级导线测量时必须每人独立观测一站，记录计算一站。观测和计算数据必须直接填在规定的表格内。表格完成后及时交给裁判员，不能带离比赛场地，否则成绩无效。

2. 各组参赛顺序提前抽签，测量线路现场抽签决定。

3. 参赛队不得将原始数据先用计算器或草稿纸记录然后再转抄到比赛表格中，否则取消该项成绩。观测数据必须原始真实，严禁弄虚作假，否则取消参赛资格。

4. 竞赛采用手工记录及计算，记录、计算一律使用铅笔，不允许使用编程计算器。记录及计算只允许使用比赛发放的表格、纸张。

5. 参赛队应规范作业，三级导线测量时，照准点一律采用三脚架加棱镜设置。禁止采用"三联脚架法"。注意人身与设备的安全及保护，迁站时全站仪、棱镜必须装箱，不允许携带仪器跑步前进（若摔倒则取消比赛资格）。

六、竞赛用仪器及技术规范

比赛仪器要求：DS3 微倾式水准仪、2″级全站仪，竞赛使用仪器由各代表队自备或承办方提供。

2016 年山东省职业院校技能大赛（高职组）"工程测量"项目竞赛规程

一、赛项名称

赛项名称：工程测量

赛项归属专业：资源环境与安全类

二、竞赛目的

1. 检验高职院校实践教学的效果，检验学生的实践能力和基础知识的掌握水平，培养学生的外业数据采集以及内业数据处理等方面的实践能力。

2. 检验和展示参赛选手对测绘知识、技能的掌握及对生产实践问题的分析处理能力。提升大学生测绘技能训练水平，培养学生的实践能力、团队协作意识、耐心和不怕苦、不怕累的优秀品质，养成认真细致的良好业务作风。

3. 引导高等职业院校改革测绘类专业的人才培养模式，加强专业建设，积极探索培养测绘地理信息行业高端技能人才的途径和方法，为全省开设测绘类专业的高等职业院校搭建交流教育教学成果与经验的平台。

4. 促进社会对测绘类相关岗位的了解，提升高职测绘类专业的社会认可度。

三、竞赛内容与时间

1. 本次竞赛内容包括"三级导线测量"、"工程施工放样"。

2. 各分项测量用时最大时长限制：

三级导线测量 60 分钟；

工程施工放样 60 分钟；

无论何队，只要超过最大时长，立即终止竞赛。

四、竞赛方式

1. 本项竞赛为团体赛，"导线测量"、"工程施工放样"各自满分为 100 分，分别按照 50％、50％的比例计算各参赛队总成绩，总成绩满分为 100 分，参赛队必须在规定的时间内完成规定的竞赛任务，并上交合格成果。

2. 各参赛队，以院校为单位组队参赛，不得跨校组队。每个学校只能有一支队伍参赛，每支参赛队由 4 名选手（设队长 1 名）和 1~2 名指导教师组成。

3. 各参赛队轮流参加 2 项实操竞赛，参赛项目的先后及每项竞赛的出场顺序由竞赛执委会在现场组织抽签决定。竞赛时，各队竞赛的场地、路线、试题和已知数据均现场抽签随机确定

4. 所有指导工作应在竞赛前完成。比赛过程中，指导教师不得进入赛场。

5. 各队参加比赛的出场顺序、路线和场地均由裁判组现场组织抽签决定。参赛选手均需携带身份证和参赛证，接受裁判组、监督组的随时检查。

6. 赛场在比赛期间对外开放，允许观众在规定的参观区域现场参观和体验。

7. 凡在本届竞赛中获得奖项，并参加赛项执委会组织的理论知识考试取得合格成

绩的参赛选手，经国家测绘局职业技能鉴定指导中心核准后颁发工程测量员国家职业资格证书。理论知识考试成绩不计入技能竞赛成绩。

五、竞赛命题

本赛项竞赛试题公开，随赛项规程同步发布。公开试题中的点号和数据均为样例，竞赛时各队试题的点号和原始数据由命题专家组出题，各参赛队现场抽签得到。公开试题如下：

1. 三级导线测量试题

闭合导线，已知 A 点平面坐标，直线 AB 的坐标方位角，测算 B、C、D 点的平面坐标，测算要求按技术规范。

上交成果：光电测距导线测量竞赛成果，包括水平角观测记录表，距离（平距）测量记录表，闭合导线内业计算表。

2. 工程施工放样竞赛样题

已知某道路曲线第一切线上控制点 ZD_1（500，500）和 JD_1（750，750），该曲线设计半径 $R=1000m$，缓和曲线长 $L_0=100m$，JD_1 里程为 DK1+300，转向角 $\alpha_右=23°03'38''$。请按细则要求使用非程序型函数计算器计算道路曲线主点 ZH、HY、QZ 点坐标，及第一缓和曲线和圆曲线上中桩点 K1+100、K1+280 的坐标，共计算 5 个点。然后，根据现场已知测站点 O、定向点 A、定向检核点 B，使用全站仪进行第一缓和曲线和圆曲线上中桩点放样 K1+100 和 K1+280 点。控制点和待放样曲线之间关系如下图所示。

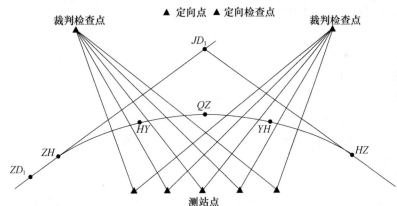

已知点有两套坐标，第一套坐标供放样，第二套坐标供检测（该套坐标放样完成后需检测时，请选手向裁判索要）。

实施步骤：

（1）计算道路曲线常数、曲线要素、主点里程、主点及若干曲线中桩点坐标。

（2）在测站点安置全站仪，定向，测量方向检核点的坐标，对定向方向进行检核。

（3）根据计算出的中桩点坐标，用全站仪进行曲线中桩点实地放样，并在地面上做好标记。

（4）在放样点上安置棱镜等待裁判实测已放样点位坐标确定点位放样的精度。

上交成果：工程施工放样成果资料，其中包含曲线常数、曲线要素、主点里程及曲线中桩坐标的计算成果。

（5）上交成果后向裁判索要检核用控制点，由参赛选手用给定的已知点第二套坐标测定放样点坐标，并做记录。

上交成果：点位坐标检核成果表。

2017 年山东省职业院校技能大赛高职学生组"测绘"项目竞赛规程

一、赛项名称

赛项名称：测绘

赛项组别：高职学生组

专业类别：资源环境与安全

二、竞赛目的

1. 检验实践教学效果，检验学生的实践能力和基础知识的掌握水平，培养学生从事测绘数据采集以及数据处理等方面的实践能力。

2. 建立全国开设测绘地理信息类专业的高等职业院校交流教学成果与经验的平台，引导全国高等职业院校测绘地理信息类专业人才培养模式改革与专业建设。

3. 检查学生对现场问题的分析与处理能力、各参赛院校组织管理与团队协作能力、适应实践需求的应变能力。

4. 以技能竞赛为平台，与国家测绘地理信息行业主管部门合作，实施测绘地理信息职业技能鉴定，创新"双证书"制度。

5. 检验和培养学生养成认真细致的业务作风、团队协作的优秀品质、不怕苦、不怕累的工作态度和科学的工作方法。

三、竞赛内容与时间

1. 竞赛内容

本次竞赛内容包括"1：500 数字测图"、"二等水准测量"。每部分竞赛均包括测量外业观测和测量内业计算或绘图。（编者注：2015 年还有一级导线测量项目）

2. 各分项测量用时最大时长限制：

1：500 数字测图 160 分钟；二等水准测量 80 分钟；无论何队，只要超过最大时长，立即终止竞赛。

3. 竞赛要求

（1）二等水准测量：完成闭合水准路线的观测、记录、计算和成果整理，提交合格成果。

（2）1：500 数字测图：按照 1：500 比例尺测图要求，完成外业数据采集和内业编辑成图工作，提交数据采集的原始数据文件、dat 格式的数据采集文件、野外数据采集草图和 dwg 格式的地形图文件。

四、竞赛方式

1. 本项竞赛为团体赛，"1：500 数字测图"、"二等水准测量"各自满分为 100 分，分别按照 60％、40％的比例计算各参赛队总成绩，总成绩满分为 100 分，参赛队必须在规定的时间内完成规定的竞赛任务，并上交合格成果。

2. 各参赛队，以院校为单位组队参赛，不得跨校组队。每个学校只能有一支队伍参赛，每支参赛队由 4 名选手（设队长 1 名）和 1～2 名指导教师组成。

3. 各参赛队轮流参加 3 项实操竞赛，参赛项目的先后及每项竞赛的出场顺序由竞赛执委会在现场组织抽签决定。竞赛时，各队竞赛的场地、路线、试题和已知数据均随机抽签确定，具体情况如下：

（1）二等水准测量项目，各参赛队现场抽签确定已知水准点位、待求点位，组成水准路线。

（2）数字测图测量项目，各参赛队现场抽签确定已知点、校核点组和绘图计算机编号。

4．所有指导工作应在竞赛前完成。比赛过程中，指导教师不得进入赛场。

5．各队参加比赛的出场顺序、路线和场地均由裁判组现场组织抽签决定。参赛选手均需携带身份证和参赛证，接受裁判组、监督组的随时检查。

6．赛场在比赛期间对外开放，允许观众在规定的参观区域现场参观和体验。

7．凡在本届竞赛中获得奖项，并参加赛项执委会组织的理论知识考试取得合格成绩的参赛选手，经国家测绘地理信息局职业技能鉴定指导中心核准后颁发工程测量员国家职业资格证书。理论知识考试成绩不计入技能竞赛成绩。

五、竞赛命题

本赛项竞赛试题公开，随赛项规程同步发布。公开试题中的点号和数据均为样例，竞赛时各队试题的点号和原始数据由命题专家组出题，各参赛队现场抽签得到。公开试题如下：

1．二等水准测量环节

如图 1 所示闭合水准路线，已知 A_{01} 点高程为 162.329m，测算 B_{04}、C_{01} 和 D_{03} 点的高程，测算要求按技术规范。

上交成果：二等水准测量竞赛成果，包括观测手簿、高程误差配赋表和高程点成果表。

说明：参赛队现场抽签点位，组成水准竞赛路线。

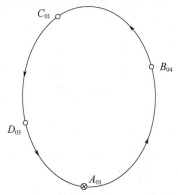

图 1　二等水准测量竞赛路线示意图

上交成果：二等水准测量竞赛成果，包括观测手簿、高程误差配赋表和高程点成果表。

说明：参赛队现场抽签点位，组成水准路线。

2．1：500 数字测图环节

数字测图赛场地物相对齐全，难度适中。数字测图采用 GNSS 接收机与全站仪相结合的使用方式，完成赛项执委会指定区域的 1：500 数字测图的数据采集和编辑成图。

测图要求按竞赛规程。

赛项组委会为每个参赛队提供 3 个控制点。控制点坐标如下：

G1　x＝1901.778m　y＝2880.933m　H＝70.244m

G2　x＝1803.096m　y＝2762.329m　H＝70.078m

G3　x＝1714.339m　y＝2805.436m　H＝69.969m

上交成果：数据采集的原始文件、野外数据采集草图和 DWG 格式的地形图文件。

说明：参赛队现场抽签控制点组和绘图计算机编号。

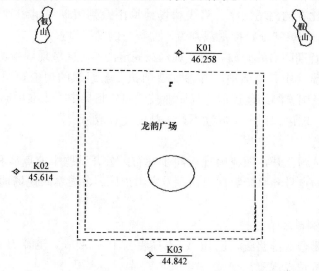

图 2　1∶500 数字测图竞赛场地示意图

六、竞赛规则

（一）参赛选手凭参赛证参加竞赛，竞赛开始后，参赛队不得更换参赛队员。

（二）在竞赛过程中，若人为损坏仪器，裁判中止比赛，取消比赛资格，照价赔偿，通报所在院校；若仪器发生故障，参赛队提出报告，由仪器商工程师现场检查认可，分项裁判长确认后可以更换仪器重测。若经工程师检查仪器无故障，检查时间按竞赛时间计。凡在测量过程中未报告仪器故障的，超过竞赛时间后不能以仪器故障为由要求重测。非仪器故障的重测不重新计时。

（三）参赛队报名及组队要求：

1. 高职学生组参赛选手资格按照《关于举办 2017 年全省职业院校技能大赛的通知》（鲁教职字〔2017〕37 号）文件的有关规定执行。

2. 参赛队以院校为单位组队，不得跨校组队；每个院校只能有一支队伍参赛，每支参赛队由 4 名选手（设队长 1 名）和 1～2 名指导教师组成。

3. 参赛选手凭身份证、参赛证参加竞赛。队员在竞赛前因故不能参赛，由所在院校出具书面申请、经大赛组委会审核批准后方可更换参赛选手，竞赛开始后，参赛队不得更换参赛队员。

（四）参赛队必须独立完成所有竞赛任务，参赛队员在竞赛过程中不能以任何方式与外界交换信息。竞赛过程中选手不准使用任何通讯工具。

（五）对于竞赛过程中伪造数据者，取消该队竞赛资格。测而未记、记而未测属伪造数据。

（六）竞赛采用手工记录及计算，记录计算一律使用铅笔。记录及计算只允许使用比赛发放的表格、纸张。

（七）参赛队信息只在竞赛成果资料表封面规定位置填写，成果资料本内部不得填写与竞赛数据无关的任何信息。凡是手簿内部出现与测量数据无关的文字、符号等内容，视为不合格的二类成果。

（八）凡闭合差超限、超时，定性为二类成果。比赛过程中仪器摔倒在地者定性为二类成果，二类成果不参加评奖。

（九）参赛者必须尊重裁判，服从裁判指挥。参赛队对裁判员及其裁决有异议，可在规定的时间内向赛会仲裁组申诉。

七、竞赛环境

竞赛环境说明如下：

（一）1∶500 数字测图赛场情况

1.1∶500 数字测图场地难度适中，地物齐全。

2. 测图场地面积不超过 150m×200m，通视条件良好，可以满足多个队同时比赛。

3. 竞赛采用 GNSS 和全站仪相结合的测图方式。赛项执委会为每个参赛队提供三个控制点和 GNSS 接收网络 RTK 信号的手机卡。场地的有些地物点可能无法用 GNSS 测量，需要全站仪测量。

4.GNSS 和全站仪不能同时使用。

5. 内业编辑成图在规定的机房内完成，赛项执委会提供安装 CASS 职业院校技能大赛专版（for 中望 CAD2017）的计算机。

（二）二等水准测量赛场情况

1. 水准路线在硬化路面上，长度不超过 1.5km。

2. 场地设置多条水准闭合路线，能满足多个队同时比赛。

3. 每条闭合水准路线由 3 个待定点和 1 个已知点组成。

（三）赛场内设置明显点位标志，赛场周边有隔离标示，确定选手不受外界影响比赛。

八、技术规范

（一）1∶500 数字测图

1. 测量要求

（1）各参赛队小组成员共同完成规定区域内碎部点数据采集和编辑成图，队员的工作可以不轮换。

（2）碎部点数据采集模式只限用 GNSS 采集数据的"草图法"，不得采用"电子平板"或者其他方式。

（3）上交的成果上不得填写参赛队及观测者、绘图者姓名等信息。

（4）草图必须绘在赛项执委会配发的数字测图野外草图本上。

2. 技术要求

（1）图根控制点的数量不做要求，地面可不做标志，图上仅表示全站仪设站的图根控制点。

（2）按规范要求表示等高线和高程注记点。

（3）绘图：按图式要求进行点、线、面状地物绘制和文字、数字、符号注记。注记的文字字体采用成图软件的默认字体。

（4）图廓整饰内容：采用任意分幅（四角坐标注记坐标单位为 m，取整至 50m）、图名、测图比例尺、内图廓线及其四角的坐标注记、外图廓线、坐标系统、高程系统、等高距、图式版本和测图时间。（图上不注记测图单位、接图表、图号、密级、直线比例尺、附注及其作业员信息等内容）。

3. 上交成果

（1）GNSS 接收机与全站仪外业采集的原始数据文件

（2）野外草图和 dwg 格式的地形图图形文件。

（二）二等水准测量

1. 观测与计算要求

（1）观测使用赛项执委会规定的仪器设备，3m 标尺，测站视线长度、前后视距差及其累计、视线高度和数字水准仪重复测量次数等按表 1 规定。

表 1 二等水准测量技术要求

视线长度/m	前后视距差/m	前后视距累积差/m	视线高度/m	两次读数所得高差之差/mm	水准仪重复测量次数	测段、环线闭合差/mm
≥3 且≤50	≤1.5	≤6.0	≤2.80 且≥0.55	≤0.6	≥2 次	≤$4\sqrt{L}$

注：L 为路线的总长度，以 km 为单位。

（2）参赛队信息只在竞赛成果资料封面规定的位置填写，成果资料内部的任何位置不得填写与竞赛测量数据无关的任何信息。

（3）竞赛使用 3kg 尺垫，可以不使用撑杆，也可以自带撑杆。

（4）竞赛过程中不得携带仪器或标尺跑步。

（5）竞赛记录及计算均必须使用赛项执委会统一提供的《二等水准测量记录计算成果》本。记录及平差计算一律使用铅笔填写，记录完整。

（6）观测记录的数字与文字力求清晰，整洁，不得潦草；按测量顺序记录，不空栏；不空页、不撕页；不得转抄成果；不得涂改、就字改字；不得连环涂改；不得用橡皮擦、刀片刮。

平差计算表可以用橡皮擦，但必须保持整洁，字迹清晰，不得划改。

（7）水准路线采用单程观测，每测站读两次高差，奇数站观测水准尺的顺序为：后－前－前－后；偶数站观测水准尺的顺序为：前－后－后－前。

（8）仪器显示的中丝读数必须是两次测量的平均值。

（9）同一标尺两次中丝读数不设限差，但两次读数所测高差之差应满足表 1 规定。

（10）观测记录的错误数字与文字应单横线正规划去，在其上方写上正确的数字与文字，并在备考栏注明原因："测错"或"记错"，计算错误不必注明原因。

（11）因测站观测误差超限，在本站检查发现后可立即重测，重测必须变换仪器高。若迁站后才发现，应退回到本测段的起点重测。

（12）无论何种原因使尺垫移动或翻动，应退回到本测段的起点重测。

（13）超限成果应当正规划去，超限重测的应在备考栏注明"超限"。

（14）水准路线各测段的测站数必须为偶数。

（15）迁站过程中观测者必须手托水准仪，不得肩扛。

（16）观测记录的计算由记录员独立完成，且不得使用计算器计算。

（17）每测站的记录和计算全部完成后方可迁站。

（18）测量员、记录员、扶尺员必须轮换，每人观测 1 测段、记录 1 测段。

（19）现场完成高程误差配赋计算。

（20）竞赛结束，参赛队应将仪器装箱、脚架收好再上交成果，计时结束。

（21）从领取仪器开始，只要仪器或标尺摔落掉地，立即取消比赛资格。

2. 上交成果

每个参赛队完成外业观测后，在现场完成高程误差配赋。上交成果为：《二等水准测量竞赛成果资料》。

九、技术平台

1. 竞赛使用的仪器由赛区统一提供包括：

（1）计算工具

卡西欧 fx－5800P 计算器 2 个。

（2）1:500 数字测图

GNSS 接收机流动站一套（K6 Power RTK 测量系统，图 2），三个脚架，两个棱镜。

安装 CASS 职业院校技能大赛专版（for 中望 CAD2017）计算 1 台

钢卷尺 1 个

（3）二等水准测量

电子水准仪（见图 2）、含木质脚架 1 个、数码标尺 1 对（3m）、尺撑 2 个、尺垫 2 个（3kg）、50m 测绳 1 根（根据参赛队需要配发）。

2. 参赛队自备

记录板、铅笔、橡皮、三角板、削笔刀自备。

附件4：测量英语词汇

monitor 监测

digitize 将资料数字化

geology 地质学

quarterly 一年四次的

manipulate 操作

geodesy 大地测量学

remote sensing 遥感

dimensional 空间的

fieldwork 野外工作

diameter 直径

longitude 经度

northing 北距

plumb line 铅垂线

spherical 球形的

backsight 后视

plane surveying 平面测量

vertical survey 高程测量

land survey 土地测量

hydrographic survey 水道测量

Geological survey 地质测量

telescope 望远镜

terrain 地形

pacing 步测

proportional error 比例误差

addition constant 加常数

stadia hair 视距丝

zenith 天顶

clinometer 测角仪

indexing 指标

bearing 方向

vertical angle 垂直角

horizontal circle 水平刻度盘

geodetic azimuth 大地方位角

magnetic azimuth 磁方位角

distortioin 变形

reference ellipsoid 参考椭球

orthogonal projection 正交投影

sea surface topography 海面地形

plotting 标图

registration 注册

geographical 地理学

cadastre surveing 地籍测量

geophysics 地球物理学

surveying and maping 测绘

global positioning system GPS satellite positioning 卫星定位

permanent monument 永久标石

theodolite 经纬仪

equator 赤道

meridian 子午线

easting 东西距

trigonometry chord 弦长

geoid 大地水准面

foresight 前视的

control survey 控制测量

topographic survey 地形测量

route survey 路线测量

marine survey 海洋测量

tacheometry 视距测量

multiply 乘

modulated 距离测量

distance－measuring error 测距误差

sighting distance 视距

stadia 视距

Perpendicular 垂直的

celestial sphere 天球

clockwise 顺时针方向

initialize 初始化

quadrant 象限

depression angle 俯角

vertical circle 垂直刻度盘

Grid bearing 坐标方位角

method by series 方向观测法

mean sea level 平均海水面

flattening of ellipsoid 椭球扁率

geodetic height，ellipsoidal height 大地高

quasi－geoid 似大地水准面

entity 实体

forestry 森林

navigation 导航

sensor 传感器

geomatics 测绘学

photogrammetry 摄影测量学

chart 图标

monumentation 埋石

allowance 容差

latitude 纬度

prime meridian 本初子午线

curvature 曲率

triangle 三角形

tangent 相切的

geodetic surveying 大地测量

horizontal survey 水平测量

detail survey 碎步测量

pipe survey 管道测量

mine survey 矿山测量

stadia 视距

nominal 地势

precise ranging 精密测距

fixde error 固定误差

multiplication constant 乘常数

nominal accuracy 标称精度

projection 投影

radius 半径

（counter）sexagesimal system 六十分制

azimuth 方位

horizontal angle 水平角

zenith distance 天顶距

true north 真北

gyro azimuth 陀螺方位角

orthogonal 正交的

geoid 大地水准面

eccentricity of ellipsoid 椭球偏心率

geoidal height，geoid undulation 大地水准面高

normal height 正常高

附件5:高斯投影带数据表

6度带数据表

6度带号	起始经度	结束经度	中央经度	备注
1	0	6	3	
2	6	12	9	
3	12	18	15	
4	18	24	21	
5	24	30	27	
6	30	36	33	
7	36	42	39	
8	42	48	45	
9	48	54	51	
10	54	60	57	
11	60	66	63	
12	66	72	69	
13	72	78	75	
14	78	84	81	
15	84	90	87	
16	90	96	93	
17	96	102	99	
18	102	108	105	
19	108	114	111	
20	114	120	117	东营西城118.5度
21	120	126	123	
22	126	132	129	
23	132	138	135	
24	138	144	141	
25	144	150	147	
26	150	156	153	
27	156	162	159	
28	162	168	165	
29	168	174	171	

6度带号	起始经度	结束经度	中央经度	备注
30	174	180	177	
31	180	186	183	
32	186	192	189	
33	192	198	195	
34	198	204	201	
35	204	210	207	
36	210	216	213	
37	216	222	219	
38	222	228	225	
39	228	234	231	
40	234	240	237	
41	240	246	243	
42	246	252	249	
43	252	258	255	
44	258	264	261	
45	264	270	267	
46	270	276	273	
47	276	282	279	
48	282	288	285	
49	288	294	291	
50	294	300	297	
51	300	306	303	
52	306	312	309	
53	312	318	315	
54	318	324	321	
55	324	330	327	
56	330	336	333	
57	336	342	339	
58	342	348	345	
59	348	354	351	
60	354	360	357	

3 度带数据表

3度带号	起始经度	结束经度	中央经度	备注
1	1.5	4.5	3	
2	4.5	7.5	6	
3	7.5	10.5	9	
4	10.5	13.5	12	
5	13.5	16.5	15	
6	16.5	19.5	18	
7	19.5	22.5	21	
8	22.5	25.5	24	
9	25.5	28.5	27	
10	28.5	31.5	30	
11	31.5	34.5	33	
12	34.5	37.5	36	
13	37.5	40.5	39	
14	40.5	43.5	42	
15	43.5	46.5	45	
16	46.5	49.5	48	
17	49.5	52.5	51	
18	52.5	55.5	54	
19	55.5	58.5	57	
20	58.5	61.5	60	
21	61.5	64.5	63	
22	64.5	67.5	66	
23	67.5	70.5	69	
24	70.5	73.5	72	
25	73.5	76.5	75	
26	76.5	79.5	78	
27	79.5	82.5	81	
28	82.5	85.5	84	
29	85.5	88.5	87	
30	88.5	91.5	90	
31	91.5	94.5	93	
32	94.5	97.5	96	
33	97.5	100.5	99	

3度带号	起始经度	结束经度	中央经度	备注
34	100.5	103.5	102	
35	103.5	106.5	105	
36	106.5	109.5	108	
37	109.5	112.5	111	
38	112.5	115.5	114	
39	115.5	118.5	117	东营西城118.5度
40	118.5	121.5	120	东营西城118.5度
41	121.5	124.5	123	
42	124.5	127.5	126	
43	127.5	130.5	129	
44	130.5	133.5	132	
45	133.5	136.5	135	
46	136.5	139.5	138	
47	139.5	142.5	141	
48	142.5	145.5	144	
49	145.5	148.5	147	
50	148.5	151.5	150	
51	151.5	154.5	153	
52	154.5	157.5	156	
53	157.5	160.5	159	
54	160.5	163.5	162	
55	163.5	166.5	165	
56	166.5	169.5	168	
57	169.5	172.5	171	
58	172.5	175.5	174	
59	175.5	178.5	177	
60	178.5	181.5	180	
61	181.5	184.5	183	
62	184.5	187.5	186	
63	187.5	190.5	189	
64	190.5	193.5	192	
65	193.5	196.5	195	
66	196.5	199.5	198	
67	199.5	202.5	201	

3度带号	起始经度	结束经度	中央经度	备注
68	202.5	205.5	204	
69	205.5	208.5	207	
70	208.5	211.5	210	
71	211.5	214.5	213	
72	214.5	217.5	216	
73	217.5	220.5	219	
74	220.5	223.5	222	
75	223.5	226.5	225	
76	226.5	229.5	228	
77	229.5	232.5	231	
78	232.5	235.5	234	
79	235.5	238.5	237	
80	238.5	241.5	240	
81	241.5	244.5	243	
82	244.5	247.5	246	
83	247.5	250.5	249	
84	250.5	253.5	252	
85	253.5	256.5	255	
86	256.5	259.5	258	
87	259.5	262.5	261	
88	262.5	265.5	264	
89	265.5	268.5	267	
90	268.5	271.5	270	
91	271.5	274.5	273	
92	274.5	277.5	276	
93	277.5	280.5	279	
94	280.5	283.5	282	
95	283.5	286.5	285	
96	286.5	289.5	288	
97	289.5	292.5	291	
98	292.5	295.5	294	
99	295.5	298.5	297	
100	298.5	301.5	300	
101	301.5	304.5	303	

续表

3度带号	起始经度	结束经度	中央经度	备注
102	304.5	307.5	306	
103	307.5	310.5	309	
104	310.5	313.5	312	
105	313.5	316.5	315	
106	316.5	319.5	318	
107	319.5	322.5	321	
108	322.5	325.5	324	
109	325.5	328.5	327	
110	328.5	331.5	330	
111	331.5	334.5	333	
112	334.5	337.5	336	
113	337.5	340.5	339	
114	340.5	343.5	342	
115	343.5	346.5	345	
116	346.5	349.5	348	
117	349.5	352.5	351	
118	352.5	355.5	354	
119	355.5	358.5	357	
120	358.5	361.5	360	

参考文献

[1]《大地测量术语》(GB/T 17159—2009)

[2]《测绘基本术语》(GB/T 14911—2008)

[3]《工程测量规范》(GB 50026—2007)

[4]《国家三四等水准测量规范》(GB/T 12898—2009)

[5]《1∶500 1∶1000 1∶2000 地形图图式》(GB/T 7929—2007)

[6]《城市测量规范》(CJJ/T8—2011)

[7]《全球定位系统 GPS 测量规范》(GB/T 18314—2009)

[8] 李强、余培杰、郑现菊主编. 工程测量[M]. 东北师范大学出版社,2015

[9] 周建郑主编主编. 工程测量[M]. 北京:化学工业出版社,2012

[10] 张凤兰等主编. 土木工程测量[M]. 北京:机械工业出版社,2010

[11] 李社生、刘宗波主编. 建筑工程测量[M]. 辽宁:大连理工大学出版社,2014

[12] 王根虎主编. 土木工程测量[M]. 北京:黄河水利出版社,2011

[13] 徐宇飞主编. 工程测量[M]. 北京:测绘出版社,2011

[14] 石东、陈向阳主编. 建筑工程测量[M]. 北京:北京大学出版社,2015

[15] 吕志平主编. 大地测量学基础[M]. 北京:测绘出版社,2010

[16] 左美蓉主编. GPS 测量技术[M]. 湖北:武汉理工大学出版社,2014